26783

LE
PARFUMEUR
ROYAL,
OU
TRAITÉ DES PARFUMS,

Des plus beaux Secrets qui entrent dans leur Composition, & de la Distillation des Eaux de Senteur & autres Liqueurs précieuses.

Nouvelle Édition, revue, corrigée, & considérablement augmentée.

A PARIS AU PALAIS,

Chez SAUGRAIN, l'aîné, Libraire, Grand'-Salle, vis-à-vis l'Escalier de la Cour des Aydes, à la Bonne-Foi Couronnée.

M. DCC. LXI.

Avec Approbation & Privilége du Roi.

LE PARFUMEUR ROYAL,

OU

TRAITÉ DES PARFUMS,

ET

Des plus beaux Secrets qui entrent dans leur Composition.

DES GANDS DE SENTEURS.

RIEN ne peut égaler la pureté des Parfums. Toute falsification l'altere, toute mauvaise odeur la corrompt. Il faut purger parfaite-

A

ment les efpeces que l'on veut parfumer, furtout les peaux dont la
qualité eft groffiere. Les plus pré-
cieux parfums y feroient inutilement
employés fans cette précaution. Le
choix des peaux eft indifférent. Il
fuffit qu'elles n'ayent pas été habil-
lées avec des graiffes ou faumures.
L'odeur qu'elles exhalent le fait affez connoître.

Maniere de purger les Peaux.

Verfez de l'eau claire dans un ba-
quet ou autre vaiffeau propre à fou-
ler vos peaux ; changez cette eau
jufqu'à ce qu'elle demeure claire , &
pour l'exprimer tordez vos peaux
également ; ouvrez-les enfuite & les
pendez par les deux pattes de der-
riere. Sitôt qu'elles vous paroîtront
à demi feches, vous les plongerez
dans de l'eau de fleur d'orange où
elles doivent refter du matin jufqu'au foir ; après quoi les ayant exprimées doucement , vous les mettrez en pompe au moins vingt-quatre heures. Il faut les mettre de nouveau fécher loin du grand air , & à

mesure qu'elles sechent, les frotter, les bien ouvrir & les déborder sur le peson. Alors elles seront en état d'être taillées en gands, colorées & parfumées de telle couleur & de telle odeur qu'on jugera à propos de leur donner.

On peut aussi purger les peaux, ou avec l'eau de rose ou avec l'eau d'ange, & surtout avec celle de mélilot. Cette derniere a la qualité de rendre les peaux les plus arides, souples, nourries & d'un bon maniement. A mesure que celles qui auront été purgées par cette eau, secheront, il faudra les détirer & les ouvrir peu à peu. Le vin blanc peut encore servir pour ces sortes de purgations.

Peaux ou Gands parfumés aux fleurs seulement, à la mode de Provence.

Les fleurs qui servent communément à parfumer les peaux, sont:
La Fleur d'Orange.
Les Roses Muscates.
La Tubereuse.

Le Jasmin.

Toutes ces fleurs portent avec elles une odeur des plus fortes, & c'est ce qui leur fait donner la préférence ; les peaux étant destinées à des ouvrages ausquels l'odeur des fleurs de Printems n'est point propre, parce que cette odeur est trop foible.

Les fleurs qui servent à parfumer les Gands, font :

Les Violettes.

Les Jonquilles Musquées à la Reine.

Les Jacintes.

Les Roses Muscates.

Les fleurs de Jasmin.

Les fleurs d'Orange.

Les Tubereuses.

Le Muguet.

Les Oeillets rouges-cramoisis.

Il faut cueillir toutes ces fleurs en tems sec, une heure ou deux après le lever ou avant le coucher du Soleil. Il faut surtout avoir soin qu'elles n'éprouvent aucune humidité.

Les peaux entierement purgées, les gands taillés & cousus, vous leur donnerez la couleur qu'il vous plaira, après l'avoir préparée avec de l'eau de senteur, comme vous l'indiquera l'article des couleurs.

Pour mettre ensuite vos peaux & vos gands en fleurs, vous ferez dans une caisse d'une étendue suffisante, un lit de gands ou de peaux & un lit de fleurs. Vous continuerez ainsi jusqu'à ce que vous ayez tout employé. Chaque fois que vous changerez les fleurs, (ce qui doit se faire du matin au soir ou du moins toutes les vingt-quatre heures,) vous étendrez sur des cordes, pendant une heure, vos peaux ou vos gands, pour leur laisser essuyer l'humidité des fleurs, après quoi vous les frotterez, les ouvrirez bien & les remettrez en fleurs fraîches. En réiterant ainsi durant huit jours au moins, tant à l'envers qu'à l'endroit de vos peaux & de vos gands, ils auront l'odeur de la fleur parfaitement inculquée.

Si vous voulez rendre cette odeur encore plus agréable & la fortifier, donnez à vos peaux ou à vos gands, avant que de les mettre en fleurs, une couche de la composition suivante.

Composition pour deux douzaines de Gands.

Broyez sur le marbre un demi-gros de civette avec de l'huile de ben parfumée de l'odeur de la fleur dont vous voulez que vos gands ou vos peaux le soient. Broyez aussi un peu de gomme adragant, après l'avoir détrempée du soir au matin avec de l'eau de fleur d'orange ; ajoutez-la à la civette & broyez de rechef le tout ensemble. Il faut ensuite mettre cette composition dans un petit mortier, l'augmenter peu à peu avec de l'eau de fleur d'Orange, & mêler le tout avec l'aide du pilon. Cela fait, essuyez vos gands avec une éponge, mettez-les sécher sur des cordes, frottez-les ensuite & les ouvrez. Alors vous les mettrez en fleurs selon la méthode qui vous a été indiquée.

Un moyen de fortifier encore davantage l'odeur, & de la rendre plus suave ; c'est d'ajouter aux terres dont vous composez votre couleur, du marc de bonne eau d'ange & de broyer le tout ensemble.

Gands blancs aux fleurs de Jasmin.

Vos gands purgés, comme j'ai dit ci-devant, & faits de peaux de chevrotin, vous les oeaignerez légerement par l'envers, avec de l'huile de ben de la même odeur dont vous voudrez donner la fleur, sans toucher aux coutures, petillures ou effleurures. Vous les étendrez sur des cordes durant deux ou trois heures, vous leur donnerez trois jours de fleurs sur l'envers, après les avoir passés dans les mains, & enfin vous les renverserez pour leur donner huit jours de fleurs sur l'endroit. Observant de faire usage de fleurs qui n'ayent aucune humidité. Ensuite vous renformerez & redresserez vos gands bien proprement, & leur ferez prendre l'air durant trois ou quatre heures. Il faut encore durant un même espace de tems les couvrir de fleurs cueillies bien seches avant que de les mettre en paquet. On peut faire le même usage de toutes les autres fleurs ci-devant indiquées.

Gands blancs parfumés au Jaf-min, à la mode de Rome.

Prenez une demi-once de cire blanche, que vous ferez fondre dans deux onces d'huile de ben. Paffez vos peaux avec cette liqueur, & après les avoir laiffé fecher fur des cordes, purgez-les fortement dans de l'eau commune. Puis lorfqu'elles feront fèches & ouvertes, vous ferez cou-per & coudre vos gands ; après quoi vous leur donnerez les fleurs durant huit jours, en obfervant la méthode ordinaire ; & enfin, vous les renfor-merez & les redrefferez. Cette ma-niere d'opérer donne aux gands la faculté de conferver l'odeur des fleurs beaucoup mieux que ceux qu'on apprête autrement, & leur donne en outre la vertu de confer-ver la douceur & la fraîcheur des mains.

Gands de Jafmin de couleur, pour une groffe.

Broyez avec les terres dont vous

voudrez colorer vos gands, quatre onces d'iris de Florence & autant de calamus aromaticus en poudre. Ajoutez-y une demi-once de gomme adragant, détrempée avec de l'eau de rofe & de l'eau commune à parties égales, & chargez vos gands de cette compofition.

Seconde couche pour la Gomme.

Il faut joindre à une once de gomme adragant, détrempée dans l'eau de rofe, deux onces d'huile de ben au jafmin, & un demi-gros de civette ; broyer & incorporer le tout ensemble, l'augmenter avec de l'eau de rofe & en changer vos gands. Lorfqu'ils feront fecs & renformés, donnez-leur douze ou quinze jours de fleurs, & leur perfection fera complette.

Gands de l'odeur de Jafmin fans fleurs.

Prenez une once de ftorax liquide, une once de bois de rofe, une once d'iris de Florence, & demi-

A 5

once de bois de santal citrin.
Broyez bien le tout & joignez-y les
terres qui doivent servir à colorer
vos gands, outre un peu de gomme.
Versez ensuite de l'eau de rose &
de fleur d'orange égales quantités,
pour délayer cette composition, de
laquelle vous chargerez vos gands.
Lorsqu'ils seront secs, frottés & renformés, vous les passerez de nouveau avec une petite gomme, dans
laquelle vous mêlerez un peu d'iris
de Provence en poudre; après quoi
vous les redresserez & renformerez
pour une derniere fois, après les
avoir laissé secher.

Gands à la fleur d'Orange.

Il n'y a nulle différence entre la
maniere de fabriquer les gands à la
fieur d'orange & les gands à la fleur
de jasmin; excepté que pour les
premiers, il faut éplucher les fleurs,
n'y mettre que les feuilles & n'en pas
trop mettre, parce qu'elles s'échauffent facilement : à cela près, il suffit de réitérer durant six jours ou environ, & d'observer les mêmes pro-

cédés, que pour la compofition des autres.

Les gands de toutes les autres efpeces d'odeurs, fe font de la même maniere; mais il faut cueillir les fleurs avec toute la diligence poffible, ne les point froiffer, ne laiffer aucun vert à la violette, couper la moitié des tuyaux de la tubereufe, & jamais ne laiffer les fleurs dans les gands plus de vingt-quatre heures; le mieux feroit même de ne les y laiffer que douze : l'odeur en eft plus naturelle & plus pure. Au refte pour rendre l'envers des gands blancs d'un jaune agréable, la graine d'Avignon broyée dans les ocaignes produit un excellent effet.

Pour ce qui eft des gands de couleur parfumés aux fleurs, les procédés ne font pas plus difficiles que pour les précédens; ou, pour mieux dire, ils font les mêmes. On peut cependant, pour fortifier les gands de couleur, les charger de quelque légere compofition de civette ou ambrette, comme on va voir au commencement de ce traité.

Gands blancs parfumés pour une douzaine.

Faites leur boire avec l'éponge, une chopine d'eau de rose, dans laquelle vous broyerez & dissoudrez douze grains de musc ; prenez ensuite vingt grains d'ambre, douze grains de musc, autant de civette, que vous broyerez ensemble sur le marbre avec un peu de gomme adragant, détrempée dans l'eau de rose, & pour blanchir la composition, joignez-y un peu de ceruse ; augmentez le tout d'une chopine d'eau de rose, & moitié de fleur d'orange, & en passez vos gands : faites les secher une troisieme fois, & après les avoir frottés & redressés, donnez-leur trois ou quatre jours de fleurs. Il faut surtout les accommoder proprement.

Autres Gands blancs parfumés, pour une douzaine.

Prenez huit grains d'ambre, six grains de musc & quatre grains de civette que vous broyerez bien avec un peu de sucre candy ; ajoutez-y une once de coquilles d'œufs frais bien propres & broyés extrêmement fin : mêlez le tout ensemble, en y ajoutant de la gomme adragant à discrétion, après toutefois l'avoir détrempée avec de l'eau de fleur d'orange ; augmentez le tout avec de l'eau-rose & de fleur d'orange, versée à discrétion.

On peut aussi procurer aux gands une très-bonne odeur par un procédé plus simple ; réduisez en poudre la même quantité d'ambre, de musc, de civette, de sucre candy & même de coquilles d'œufs, saupoudrezen vos gands avec égalité, & laissezles ensuite entre deux papiers l'espace de quinze jours dans un endroit fort chaud.

Gands d'Ambrette blancs.

Vous prendrez une once de santal citrin, une once d'iris de Florence, une once de benjoin, deux onces de bois de rose, un gros de labdanum, un gros de storax calamite ; rédui-

fez le tout en poudre avec de la ceruſe à diſcrétion ; mêlez-y de l'eau
de roſe, & vous en paſſerez vos
gands le plus proprement que vous
pourrez pour la premiere couche ;
enſuite vous les frotterez & ouvrirez
après les avoir laiſſé ſecher.

Seconde Couche.

Faites uſage de la même compoſition ; il ſuffira d'y ajouter un peu de
gomme.

Troiſieme Couche.

Broyez ſur le marbre huit grains
d'ambre, quatre grains de civette,
un peu d'huile de ben & fort peu de
gomme adragant, détrempée dans
l'eau de roſe ; joignez à cette compoſition, un poiſſon d'eau de fleur
d'orange ; après quoi vous donnerez
à vos gands la derniere couche : vous
les frotterez & redreſſerez, lorſqu'ils
feront un peu plus que demi-ſecs.

Gands d'Ambrette de Provence, pour une grosse.

Il faut prendre quatre onces de benjoin, quatre onces de storax calamite, une once & demie de vessie de musc coupée menu & concassée, mettre le tout dans un coquemart de cuivre avec quatre pintes d'eau de rose, le boucher exactement, & mettre cette composition durant trois heures au bain-marie bouillant; ensuite vous le retirerez & verserez l'eau par inclination; vous la conserverez pour mettre dans la gomme qui doit servir à la derniere couche de vos gands, & vous prendrez la moitié du marc & les terres de la couleur que vous voudrez donner à vos gands, vous leur donnerez la premiere couche avec cette composition, après l'avoir broyée dans de l'eau de rose: il faut avoir soin de se servir, pour cette opération, d'un coquemart plus grand d'un tiers qu'il ne faut pour contenir ce qu'on y doit renfermer.

Seconde Couche.

Broyez avec ce qui restera du marc précédent, quatre onces d'iris de Florence, une once de bois de santal citrin ; joignez-y de l'eau de rose, sur laquelle il y aura un quart d'eau commune que vous aurez fait tiédir : chargez vos gands de cette composition.

Pour la Gomme & derniere Couche.

Détrempez votre gomme avec l'eau qui sera sortie de votre coque-mart, ajoutez y du musc & le quart d'autant de civette à discretion ; broyez le tout ensemble & en passez vos gands : après les avoir ainsi gommés, vous les exposerez à l'air une heure ou deux, vous les mettrez en pompe à moitié secs durant vingt-quatre heures, bien couverts, & il ne restera plus qu'à les frotter & les redresser.

Gands d'Ambrette à la mode de Rome, pour une grosse.

Prenez deux onces de ftorax, deux onces de benjoin en larmes, une petite veffie de mufc coupée par petits morceaux, une once de cloux de girofle, une once de canelle, deux gros de mufcade, concaffez le tout & le mettez avec cinq pintes d'eau de rofe, & un demi-feptier de bonne eau de vie dans un co-quemart de cuivre étamé, conte-nant fix pintes : vous boucherez bien le coquemart & le placerez auprès d'un feu bien égal pour bouillir dou-cement pendant cinq ou fix heures : tirez enfuite l'eau du coquemart, & prenez le mârc qui fera au fond : lorf-qu'il fera fec, ajoutez-y quatre onces de calamus, quatre onces d'iris de Florence en poudre, demi - once de labdanum, en y ajoutant toute-fois les terres qui doivent colorer vos gands, & une demi - once de gomme adragant, détrempée dans de l'eau-rofe : en broyant toute cette compofition, vous y ajouterez de

l'eau-rofe autant que vous jugerez
la quantité néceffaire pour charger
vos gands : vous les chargerez encore de la gomme fuivante, après les
avoir mis fecher à l'air.

Derniere Couche.

Elle confifte en deux onces d'huile d'amandes ameres, parfumée au
jafmin, une once de gomme adragant, détrempée avec de l'eau-rofe,
un demi-gros de civette broyée fur le
marbre peu à peu avec votre huile,
en y mêlant une petite partie du
marc de votre premiere compofition : il faudra augmenter cette compofition nouvelle avec l'eau qui fera
provenue de votre coquemart, &
lorfque vos gands en auront été
chargés, qu'ils feront fecs & redreffés, il faudra auffi avant que de les
empaqueter, les mettre aux fleurs
durant deux ou trois jours.

Gands Mufqués.

De l'eau d'ange & un peu de gomme adragant, aufquelles on joindra

du meilleur marc d'eau d'ange broyé
avec les terres dont vous voudrez
colorer vos gands : telle est cette
premiere composition, de laquelle
vous les chargerez avec la brosse ou
l'éponge, pour passer à la composition suivante, après toutefois que
vos gands seront secs, frottés & ou-
verts.

Seconde Couche.

A la gomme dont vous préten-
dez faire usage, ajoutez deux gros
de musc & un demi-gros de civette:
broyez le tout sur le marbre avec un
peu d'huile de ben : mettez cette
composition dans le mortier, l'aug-
mentant peu-à-peu avec de l'eau
de mille-fleurs, jusqu'à la quantité
d'une chopine : après en avoir chargé vos gands & lorsqu'ils seront secs,
vous en userez comme dans les articles précédens. Il faudra que la gomme ait été détrempée avec de l'eau
de mille-fleurs.

Gands de Rome, pour six douzaines.

Faites bouillir fur les cendres chaudes l'efpace d'environ douze heures la compofition fuivante : fçavoir, une demi - livre d'iris de Florence, une demi-livre de corps de chypre parfumé, quatre onces de benjoin, deux onces de ftorax, une once de bois de fantal citrin, une once de cloux de girofle, une once de labdanum, une once de calamus aromaticus, une once de canelle & une once de bois de rofe. Que le tout foit réduit en poudre & mis dans un coquemart avec trois chopines de bon vin blanc, & pareille quantité d'eau de rofe ; que le coquemart foit exactement bouché : enfuite retirez le marc qu'il renferme & le mettez fecher. Il vous fervira pour colorer vos gands après avoir été mêlé avec les terres qui doivent être employées au même ufage. L'eau qu'on aura tirée du coquemart, doit de fon côté fervir à détremper la gomme & broyer les

tèrres qui entrent dans cette compoſition.

Pour la Gomme.

De la gomme adragant à diſcretion, vingt grains de muſc broyé
avec deux onces d'huile de ben, &
dix grains de civette broyée avec un
peu de ſucre blanc : il faut que le
muſc & la civette ſoient mêlés enſemble avant que d'y joindre la gomme adragant, qui doit elle - même
être détrempée avec de l'eau-roſe.
Du reſte, l'opération eſt à peu près
la même que la précédente. Il faut
augmenter la compoſition avec
l'eau qui aura été tirée du coquemart, luſtrer les gands à l'ordinaire,
& leur donner deux ou trois jours
de fleurs après les avoir frottés &
redreſſés.

Autre compoſition de Gands de Rome.

Concaſſez deux onces de ſouchet,
deux onces d'iris de Florence, deux
onces & demie de corps de chypre

parfumé, demi-once de cloux de girofle & autant de calamus : faites aussi bouillir un peu de souchet & de girofle, dans de l'eau qui vous servira à broyer toute cette composition : il faut ensuite en charger vos gands, sans oublier la terre qui doit servir à les colorer, & qui a dû être broyée avec le surplus.

Deuxieme Couche.

Réduisez en poudre deux onces de bois de santal citrin, deux onces de benjoin, une once & demie de storax, deux gros de bois d'aloës & un demi-gros de canelle ; passez le tout dans un tamis bien fin ; après quoi, pour achever cette seconde opération, vous y ajouterez la moitié d'autant de gomme détrempée en eau de rose, & de l'eau de senteur autant que vous le jugerez nécessaire, & vous frotterez vos gands avec le tout.

Troisieme Couche.

Il faut joindre à certaine quantité

de muſc broyé avec de l'huile de ben, environ le tiers de bois d'aloës; il faut enſuite broyer le tout avec la gomme adragant, détrempée en eau de ſenteur, & que le nombre des gands, le prix ou la bonté qu'on voudra leur donner, regle la quantité du muſc & de la gomme qu'on employera. L'eau d'ange ou celle de fleur d'orange ſerviront à augmenter cette compoſition. Si après avoir ainſi préparé vos gands, vous leur donnez deux ou trois jours de fleurs, ils acquierront telle odeur que vous voudrez leur faire prendre.

Pour une groſſe de Gands de Neroly, vrai Rome.

Cette compoſition ſe fait ainſi: mettez dans une terrine ſur un feu de charbon ſans fumée & qui ne ſoit point ardent, trois livres d'huile d'olive vierge, à laquelle vous joindrez deux onces de baume du Perou, & une demi-once de quinteſſence de fleur d'orange. Il faut que cette compoſition reſte ſur le feu juſqu'à ce qu'elle rougiſſe : enſuite

vous la retirez pour la laiffer refroidir jufqu'à ce que la main en puiffe
fupporter la chaleur ; prenez alors
une éponge & paffez cette liqueur
fur vos gands jufqu'à ce qu'ils foient
tranfpercés. Cela fait, mettez-les
en pompe durant huit jours dans
une caiffe bien fermée : ce tems
écoulé, il faut les frotter, les redreffer, & enfin les paffer avec la quantité requife de gomme adragant, qui
aura été détrempée avec de l'eau de
fleur d'orange, & broyée avec une
demi-once de civette.

Il n'y aura plus qu'à renformer &
redreffer les gands, & furtout ne les
point plier qu'ils ne foient parfaitement fecs ; la gomme fervant de
luftre à ces fortes de gands.

Compofition pour fix douzaines de Gands de Franchipanne, vrai Rome.

Avant que de charger vos peaux
de la compofition fuivante, il faut
les purger, les colorer, les ouvrir &
les mettre en couleur de franchipanne ordinaire : cette couleur fe
fait

fait avec du brun-rouge mêlé avec de l'eau-rofe & de la terre d'ombre brûlée, purgée avec la même eau.

Après avoir coupé & coufu vos gants, & les avoir mis durant huit jours aux fleurs de jafmin, broyez deux gros de mufc avec de l'huile de ben, qu'il faut répandre abondamment dans cette compofition ; broyez auffi un gros de civette avec de la gomme adragant, détrempée avec de l'eau de fenteur ; mêlez enfuite le tout enfemble, & après en avoir chargé vos gants jufqu'à trois fois, les avoir laiffé fecher fuffifamment, les avoir frottés & redreffés, donnez-leur encore, avant de les ferrer, deux ou trois jours de fleurs.

Autre compofition pour fix douzaines de Gants de Franchipanne.

Purgez en dernier lieu dans l'eau d'ange, fix douzaines de peaux de chevrotin bien choifies, mettez-les dans le parfumoir, après les avoir laiffé fecher ; brûlez enfuite fous ces mêmes peaux, un peu lentement,

B

quatre onces de marc de bonne eau
d'ange, après quoi vous pourrez les
charger de la compofition qui fuit.

Elle confifte à prendre vingt grains
de civette, une demi-once de benjoin en larmes, un demi-gros d'ambre & autant de mufc, broyez le tout
fur le marbre avec de l'huile de ben ;
broyez enfuite les terres qui doivent
faire prendre à vos gants la couleur
de franchipanne, & les ayant mêlées
avec votre compofition, broyez de
nouveau le tout enfemble, après y
avoir ajouté un peu de gomme :
vous verferez auffi à égales parties,&
felon la quantité qui vous paroîtra
néceffaire, de l'eau de rofe & de
celle de fleur d'orange pour augmenter votre compofition : cela fait,
vous en couvrirez vos gants : vous
obferverez de les étendre dans une
chambre peu airée, & de les frotter
& renformer étant fecs, pour les
difpofer à recevoir la gomme fuivante.

Gomme & derniere Couche.

Il s'agit de broyer avec de l'huile

de ben, & de la gomme adragant, détrempée à l'eau de fleur d'orange,
un demi-gros de musc & autant de
civette, d'en charger vos gants, &
lorsqu'ils feront fecs, de les envelop-
per d'une peau & les mettre durant
huit jours fous un matelas : ajoutez-
y les fleurs durant trois ou quatre
jours, & votre opération eft finie.

Gants d'Ambre de Venife.

Prenez & mettez à part deux onces de benjoin, deux onces de bois
de citrin, deux onces de bois d'a-
loës, deux onces de bois de rofe;
ajoutez-y une once de canelle, demi-once de girofle, deux gros de
magalep, le tout bien broyé & détrempé avec de l'eau-rofe : cette
compofition forme l'ambrette.

Faites enfuite bouillir à feu lent
dans un coquemart bien bouché,
deux citrons fort épais d'écorce,
que vous aurez foin de couper. Ils
ne doivent bouillir qu'une heure. &
dans l'eau de rofes. Après avoir mêlé le tout avec l'ambrette que vous
avez d'abord mife à part, vous y ajou-

terez de l'huile de ben en petite quantité.

Si vous voulez rendre vos gants couleur de gris d'ambre, il vous suffira de mêler dans cette compoſition, un peu de noir de fumée purgé, d'y paſſer vos gants, & de les frotter & renformer, lorſqu'ils ſeront ſecs.

Deuxieme Couche,

Broyez avec de l'huile de ben un quart de gros de civette, un demi-gros de muſc & deux gros d'ambre; après quoi, chargez vos gants de cette compoſition, mais légérement & avec égalité : il faut deux onces d'huile de ben par douzaine de gants,

Compoſition de la Gomme,

Broyez ſur le marbre de la cire jaune mêlée avec de l'huile : ſçavoir, demi-once de cire par douzaine de gants, & de l'huile à proportion ; faites auparavant fondre la cire dans de l'huile de ben, & joi-

gnez-y de la graine de coins diſſoute
dans de l'eau de roſe, que vous
broyerez également avec le ſurplus;
chargez vos gants de cette compoſition; mettez-les en pompe tout un
jour ſous un matelas, & enſuite
ſecher au Soleil: après quoi, il faudra
les laiſſer repoſer les uns ſur les autres dans une caiſſe, durant un mois,
les paſſer quatre ou cinq jours par
les fleurs, les humecter avec de l'eau
de fleur d'orange; & tout cela ſuc-
ceſſivement.

Gants d'Ambre ſans Ambre.

Broyez ſur le marbre avec un peu
de ſucre dix grains de muſc, ajoutez-y cinq grains de civette, quatre
grains de labdanum & deux gros
d'iris de Florence en poudre: broyez
de nouveau le tout enſemble avec
un peu de jus de citron & pareille
quantité de gomme adragant, détrempée avec de l'eau de ſenteur:
augmentez enſuite le tout avec de
l'eau de fleur d'orange à diſcrétion,
& après en avoir chargé vos gants,
il ne reſtera qu'à les laiſſer ſecher,

les renformer & les redreſſer.

Gants d'Ambre couleür d'Ambre.

Ils ſe préparent ainſi : prenez une once d'iris de Florence, une once de bois de roſe, une once de benjoin, demi-once de bois de ſantal citrin, deux gros de labdanum : broyez le tout avec telle quantité d'eau-roſe qu'il vous plaira, & chargez vos gants de cette compoſition. Lorſqu'ils ſeront ſecs, frottés & renformés, vous paſſerez à la ſeconde couche.

Deuxieme Couche.

Elle conſiſte dans la même compoſition que la premiere. Il ſuffira d'y ajouter de la gomme adragant, détrempée avec de l'eau de fleur d'orange.

Troiſieme Couche.

Paſſez vos gants pour la derniere fois avec la compoſition ſuivante : ſçavoir, huit grains d'ambre & quatre grains de civette broyés avec un

peu de gomme adragant, détrempée
dans de l'eau de senteur ; ajoutez-y
un peu d'huile de ben, & augmentez
le tout, si vous le jugez à propos,
avec un peu d'eau de senteur. Vous
étendrez sur des cordes vos gants à
demi-secs, & lorsqu'ils le seront entierement, vous leur donnerez deux
ou trois jours de fleurs : alors vous
pourrez les empaqueter.

Composition pour une douzaine de Gants d'Espagne.

Ils doivent être de peau de Ca-
bion, & avoir été purgés en dernier
lieu avec de l'eau d'ange ; broyez ensuite avec la même eau ou avec de
l'eau-rose, trois onces d'énula campana, demi-once de labdanum, un
gros de bois de rose, & chargez vos
gants de cette composition : vous
passerez à la suivante après les avoir
fait sécher, les avoir frottés & ou-
verts.

Deuxieme Couche pour la Gomme.

Joignez à un gros de musc un demi-gros de civette que vous broyerez avec de l'huile de ben, un peu de fu-cre candy & de jus de citron doux ; il faut enfuite ajouter à ce mélange, de la gomme détrempée avec de l'eau d'ange, y verfer quelques filets d'effence d'ambre, & après en avoir chargez vos gants, les redreffer à moitié fecs, & leur donner deux ou trois jours de fleurs avant que de les empaqueter.

Autre Compofition pour fix dou-zaines de Gants d'Efpagne.

Purgez vos peaux d'abord dans de l'eau claire, & enfuite dans de l'eau de vie, du vin blanc & de l'eau de rofe à égales quantités ; lorfqu'elles feront feches, ouvertes, & vos gants coupés & coufus, donnez-leur la premiere couche de la compofition qui fuit.

Elle confifte à prendre, fçavoir : quatre onces de ftorax, trois onces de bois d'aloës, trois onces d'iris de Florence, trois onces de labdanum, trois onces d'écorce d'orange & de citrons fecs, trois onces de bois de rofe, deux onces de fouchet, autant de coriandre, & une once & demie de girofle ; il faut réduire le tout en poudre très-fine que l'on paffera par un tamis ; mettez enfuite cette poudre fur le marbre avec les terres dont on voudra faire la couleur, & broyer de nouveau le tout enfemble avec une égale quantité d'eau de fleur d'orange & d'eau de rofe : les gants paffés avec cette compofition étant fecs, frottés & renformés, on paffera à la fuivante.

Seconde Couche.

Broyez fur le marbre deux gros d'ambre, un gros de mufc & un demi-gros de civette, aufquels vous ajouterez un peu de gomme & de l'eau d'ange : mettez le tout dans un petit mortier, & l'augmentez avec la quantité d'eau d'ange que vous croirez néceffaire : vous placerez le mortier fur un réchaud de feu, & la compofition étant tiede, vous en chargerez vos gants & les finirez à l'ordinaire.

B 5

Maniere d'apprêter une grosse de Gants glacés.

On purge les peaux dans de l'eau de fontaine & on les change d'eau sept ou huit fois, on les tord avec les billes fort également, on les ouvre ensuite en les débordant avec les mains : cela fait, on les met l'une sur l'autre, chair contre fleur, & tête contre tête ; après quoi, l'on passe à l'opération suivante.

Il faut mettre dans un bassin bien nétoyé quarante jaunes d'œufs séparés de leurs blancs, les fouetter avec les mains tandis qu'on y verse peu à peu environ deux livres d'huile d'olive, & remuer durant un gros quart d'heure sans discontinuer. On remuera de nouveau en versant dans ce mélange, petit à petit, un demi-septier d'eau de vie, & environ quatre ou cinq pintes d'eau : ensuite on versera dans un bassin environ une chopine de cette composition, à laquelle on aura soin d'ajouter un demi-septier d'eau : cela fait, on passera les peaux du côté de la

chair fur cette compofition, en les
retirant l'une après l'autre jufqu'au
bord du baffin, & les prenant par la
culaffe. Enfin, lorfqu'il ne reftera
dans le baffin que de l'eau pure, on
y remettra de la même compofition
fans augmenter l'eau davantage :
toutes les peaux ainfi préparées, on
les remet dans le baffin, & après les
avoir foulées fortement durant un
quart d'heure, on les étend fur des
chaffis, ayant foin d'ouvrir fortement le dos, & de les déborder pour
ne point laiffer de cuir endormi.
Lorfque vos peaux feront feches,
fi vous voulez les laiffer blanches, il
fuffira de les frotter avec une étamine bien propre ; fi, au contraire,
vous les voulez mettre en couleur,
vous ferez ufage de l'éponge en con-
fervant vos peaux étendues fur des
ais ou chaffis : il faut qu'il y ait de la
gomme dans votre couleur, & que
cette couleur foit un peu épaiffe.
Laiffez enfuite fecher les peaux à
l'ombre, & après les avoir levées de
deffus les ais, vous les frotterez avec
une étamine pour les appareiller &
en faire des gants.

B 6

Si vous voulez les rendre noirs, faites la composition suivante : placez sous un baffin d'étain renverfé, une lampe remplie d'huile de noix, & fournie d'une groffe meche allumée : recueillez délicatement la fumée qui s'attachera au baffin, & que vous broyerez avec un peu de gomme, à proportion de ce que vous aurez de noir ; un peu de terre d'ombre ou de rouge brun y donneroit du corps. Quand votre couleur fera épaiffe jufqu'à un certain point, vous prendrez une éponge, & en tournant fur vos peaux bien étendues fur des ais ou chaffis, vous égaliferez votre couleur le mieux qu'il fera poffible : après avoir laiffé fecher vos peaux fur les mêmes chaffis, vous ne les en détacherez qu'après les avoir frottées avec une étamine de poil de chevre faite exprès.

Les gants aufquels on veut laiffer la couleur blanche, exigent moins de nourriture que les autres ; on doit diminuer la quantité des œufs & de l'huile : fouettez enfuite deux ou trois blancs d'œufs, & après en avoir levé l'écume, paffez le furplus fur vos peaux avec une éponge ; c'eſt ainſi qu'on doit les luſtrer.

Pour perfectionner vos gants, lorſqu'ils feront couſus & redreſſés, il ſuffira de les mettre ſur une grande feuille de papier poſée ſur une platine, ſous laquelle doit être un feu moderé ; alors vous les frotterez avec l'étamine dont nous avons parlé ci-deſſus.

Vous pourriez auſſi les mettre en fleurs durant trois ou quatre jours, ayant ſoin de renouveller les fleurs toutes les vingt-quatre heures au plûtard ; après quoi, vous les mettrez en papier.

OCAIGNES
Différentes pour les Gants de senteurs & autres.

Maniere de purger l'huile qu'on employe pour les Ocaignes.

Mettez dans un pot neuf & verniffé, quatre livres d'huile d'olive, une chopine de la meilleure eau de vie rafinée, & quatre onces de ftorax liquide ; mettez enfuite le tout fur un feu de charbon fans fumée, retirez votre huile fitôt qu'elle commencera à bouillir, obfervant d'y mettre le feu avec une allumette : après quoi, vous y jetterez un peu d'eau, en évitant toutefois la flâme : vous pourrez ocaigner vos gants avec cette compofition, lorfqu'elle fera refroidie.

Ocaignes différentes.

Broyez fur le marbre, en telle

quantité qu'il vous plaira, de l'huile de ben, parfumée aux fleurs de l'odeur des gants que vous voudrez ocaigner, vous y joindrez de l'essence d'ambre à proportion, & lorsque le tout sera incorporé, vous en pourrez faire usage.

Ocaigne de bonne odeur.

Mettez dans une bouteille bien bouchée deux livres d'huile d'olive de la meilleure, & gros comme une amande d'alun de roche ; exposez le tout au soleil durant huit jours ; prenant ensuite trois onces d'écorce de citron seche, deux onces de bois d'aloës, deux onces de curcume, une once d'écorce de grenade ; le tout concassé, vous y joindrez pour trois sols de safran seché sur la pelle & délayé avec la même huile, après avoir été réduit en poudre : vous exposerez de nouveau durant huit jours, le tout au soleil, & votre opération sera finie.

Ocaigne de Franchipanne.

Faites bouillir du fantal rouge dans telle quantité qu'il vous plaira d'huile de ben parfumée.

Ocaigne de Rome.

Vous ferez tremper durant vingt-quatre heures dans trois livres de bonne huile d'olive, une demi-livre de garance rouge pilée, vous y ajouterez enfuite un poiffon d'eau-rofe : vous placerez toute cette compofition fur un feu très-modéré, & lorfqu'elle commencera à bouillir, vous y joindrez deux onces de fantal rouge pulvérifé, après avoir laiffé bouillir cette compofition jufqu'à ce qu'il n'y ait plus d'humidité, & que l'eau en foit confommée, vous l'éloignerez du feu, & l'ayant laiffé un peu refroidir, vous y mettrez infuser durant deux ou trois heures, une demionce de ftorax pulvérifé ; enfin, vous mettrez le tout dans une bouteille, après l'avoir paffé par un gros linge.

Ocaigne propre aux Gants de Chevreau de Grenoble & autres.

Mettez fur un feu modéré de charbon & fans fumée la compofition fuivante.

Prenez quatre livres de bonne huile d'olive, un bon verre d'eau de rofe, quatre onces de fantal, quatre onces de garance, une once d'écorce de citron feche, le tout finement concaffé : éloignez du feu ce mélange au bout d'une demi-heure, & dès qu'il fera refroidi, vous en pafferez vos peaux du côté de la fleur avec une éponge : leur ayant laiffé prendre la couleur, vous les étendrez fur des cordes, deux ou trois heures ; après quoi, vous les foulerez & les purgerez dans l'eau commune, & après les avoir tordues, vous les jetterez dans un peu d'eau de rofe, pour leur enlever toute mauvaife odeur : il ne vous reftera plus qu'à les ouvrir & les étendre, pour couper vos gants dont la fraîcheur égalera la beauté.

Vous pourrez auffi facilement leur

faire prendre les fleurs , si vous le jugez à propos.

Autre Ocaigne.

Elle confiste à mettre dans une
terrine , sur un feu de charbon , deux
livres d'huile d'olive & un poisson
de vin blanc : il faut après avoir
couvert cette composition , la laisser bouillir jusqu'à ce qu'elle ne pé-
tille plus,& n'en faire usage que lorsqu'elle est refroidie.

MANIERE *d'apprêter les Gants sans senteur.*

APrès avoir préparé vos peaux ,
vous les mettrez dans un bassin
ou autre vase d'une grandeur proportionnée : vous y jetterez ensuite
une quantité suffisante de jaunes
d'œufs bien séparés de leurs blancs :
il faut compter un jaune d'œuf par
petite peau , & à proportion pour
les grandes , avec la quantité nécessaire de vin blanc pour les imbiber :
après les avoir foulées avec les mains

ou les pieds, les avoir laiffé tremper
vingt-quatre heures, & les avoir exprimées avec les billes, il ne reftera,
pour pouvoir en faire ufage, qu'à les
frotter & les ouvrir, lorfqu'ils feront
fecs.

G A N T S
Tranfparents Blancs.

Compofition pour trois douzaines
de Peaux.

VOus mettrez dans une terrine
fur le feu la compofition fuivante : fçavoir, trois onces d'huile
d'olive purgée, deux onces de graiffe
de mouton fondue & lavée dans de
l'eau commune, & une once de cire vierge blanche ; le tout étant bien
fondu, bien incorporé, vous pafferez fur vos peaux cette compofition
à l'aide d'une éponge, & tandis
qu'elle fera encore chaude : il faut
óbferver que ces mêmes peaux ont
dû être d'abord purgées, lavées &

étendues fur des ais ou chaffis, de la même manière que les gants glacés blancs : lorfqu'elles feront feches, il ne vous reftera qu'à tailler vos gants.

Autres Gants de la même couleur & tranfparens.

Il faut d'abord, comme ci-deffus, purger, fecher & ouvrir vos peaux : faites fondre enfuite dans un plat de terre, une demi-livre d'huile d'amandes douces ou d'olive vierge, quatre onces de cire vierge blanche, une once d'huile des quatre femences froides, une demi-once de fperme de baleine, du camfre en petite quantité ; après avoir paffé vos peaux dans cette compofition tiede, vous les étendrez de nouveau fur des ais ou chaffis, jufqu'à ce qu'elles foient parfaitement feches, & avant de couper vos gants, vous les luftrerez avec un linge propre.

Gants Gras du Berceau.

Il faut d'abord compofer une pommade felon la méthode qui fuit.

Prenez telle quantité qu'il vous plaira de panne de porc mâle, que vous ferez tremper dans de l'eau de fontaine durant quinze jours, observant de la changer d'eau deux fois par jour, & de la battre avec la spatule dans la même eau à chaque fois que vous la changerez. Lorsque cette graisse sera bien blanche & bien purgée, vous la mettrez avec un citron piqué de cloux de girofle, dans un pot de terre neuf vernissé, que vous poserez au milieu d'un bainmarie sur le feu. Vous l'en retirerez lorsqu'elle sera fondue, pour la laisser refroidir durant quatre ou cinq heures, & l'y remettrez encore deux différentes fois; alors votre pommade sera faite.

A l'égard des peaux que vous voudrez passer, il faut qu'elles soient de chevrotin sans pétillures & choisies avec soin; après les avoir purgées dans de l'eau de fontaine, & fait sécher sur le peson, vous ferez fondre à petit feu huit onces de votre pommade, avec quatre onces de cire vierge blanche : le tout étant fondu & tiede, vous passerez vos peaux

l'une après l'autre dans cette compofition, vous les pafferez tout de
fuite entre deux regles de bois de
noyer larges de deux doigts, qu'il
faudra faire tenir par quelqu'un à
deux mains : ces deux regles ferrées
à difcretion, retiendront le fuperflu
de la compofition attachée à la peau
que vous tirerez entre elles de toute
fa largeur : vous pourrez ajouter ce
fuperflu au refte de la compofition.
Toutes vos peaux ainfi paffées, vous
les chaufferez à un feu de farmens
clair & cependant modéré ; vous
les frotterez dans vos mains, lorfqu'elles feront échauffées, & vous
réitererez plufieurs fois, ayant foin
de les ouvrir exactement, le tout
pour faire pencher la compofition
dans leur intérieur. Enfin, lorfqu'elles feront pénétrées avec égalité,
vous les étendrez une heure ou deux
fur des cordes, & les ayant raclées
des deux côtés avec un couteau ou
tel autre inftrument, vous pourrez
alors tailler & coudre vos gants;
mais ils ne peuvent fervir aux Dames
que de gants de nuit. Si toutefois
vous les couvrez d'une peau de che-

vrotin bien mince, & de telle couleur que vous voudrez, ils feront propres à porter de jour & hors de chez foi.

Autre méthode pour compofer des Gants Gras.

Elle differe peu des précédentes : joignez à huit onces de pommade, quatre onces de cire vierge blanche, une demi-once d'huile des quatre femences froides, un gros de ftorax pulvérifé, deux gros de camfre, & demi-once de fperme de baleine; faites fondre le tout, & après l'avoir mêlé, vous en pafferez vos peaux, en obfervant la même façon d'opérer que dans l'article précédent.

Autre compofition pour fix paires de Gants Gras, à l'Italienne.

Il faut prendre quatre onces de la même pommade, deux onces de graiffe de mouton la plus blanche & la plus voifine du roignon, un gros de fperme de baleine, & pareille quantité de térébentine de Venife;

mêlez le tout enfemble fur un petit
feu, & paffez vos gants ou vos
peaux avec cette compofition, obfervant de fuivre, quant au furplus,
les méthodes précédentes.

GANTS CIRE'S
à la Reine.

Compofition pour une douzaine de ces Gants.

Mettez dans une terrine fur le
feu, deux onces de cire vierge
blanche, une once & demie de fperme de baleine, autant de moëlle de
bœuf, une once d'huile d'amandes
douces, & deux verres d'eau de rofe :
lorfque le tout fera fondu à petit
feu, l'ayant en même-tems remué
avec une fpatule, vous laifferez repofer votre compofition, & lorfqu'elle fera froide & congelée, vous
jetterez l'eau qui fera au fond ; dé-
coupez enfuite cette compofition,
& la faites fondre de nouveau à petit
feu :

feu : étant tiede, vous y passerez l'un après l'autre une douzaine de gants glacés blancs ; après quoi, pour enlever le superflu de cette couche, vous les passerez entre deux regles, comme il est détaillé au premier article des gants gras, & vous finirez de la même maniere.

Méthode pour une douzaine de Gants Cirés Jaunes.

Choisissez des peaux de chevrotin sans petillures, & après les avoir purgées dans de l'eau commune & laissé secher, ouvrez-les sur le pesson : ensuite vous prendrez douze jaunes d'œufs, dont vous ôterez exactement les germes, vous ferez secher sur une pelle chaude, pour trois sols de safran, que vous réduirez en poudre pour le délayer avec deux verres de vin blanc & un demi-verre d'eau de rose ; après quoi vous y mêlerez vos œufs, & lorsqu'ils seront bien incorporés, vous en passerez vos peaux de la maniere suivante.

Vous ferez boire à chaque peau en la soulant bien, trois ou quatre

C

cuillerées de la composition précédente ; après quoi les ayant foulées
toutes ensemble, vous les étendrez
sur des ais ou chassis, pour les faire
sécher, il ne vous restera plus, avant
de couper vos gants, qu'à passer
doucement un linge bien propre sur
les deux côtés de chaque peau.

AUTRES GANTS
Cirés Jaunes.

Méthode pour une douzaine de Peaux.

IL suffira de purger & préparer
vos peaux, comme il est indiqué
ci-devant. Vous délayerez ensuite
dans une demi-livre d'huile d'olive,
douze jaunes d'œufs, desquels vous
ôterez les germes : vous ferez en
outre sécher sur la pelle chaude
pour deux ou trois sols de safran,
que vous réduirez en poudre très-
fine, & après l'avoir délayé avec trois
ou quatre cuillerées d'eau-rose, vous

la mêlerez avec vos jaunes d'œufs. Prenant alors quatre cuillerées de cette composition, vous en ferez boire pareille quantité à chaque peau, l'une après l'autre : cela fait, vous les foulerez toutes ensemble, & les finirez comme dans les deux articles précédens.

Gants de Blois.

Ces gants doivent être cousus à l'Angloise & faits de peaux de chevreau les plus souples & les mieux choisies : voici de quelle maniere il faut les mettre en couleur.

Broyez sur le marbre de l'ocre de Rue, broyez aussi à part quelque peu de rocour que vous délayerez avec de l'eau commune, & donnez à vos gants une couleur épaisse & sans gomme. Il faudra réserver une partie de cette couleur pour la seconde couche avec la gomme.

Vos gants une fois bien frottés & renformés, vous aurez soin de broyer sur le marbre ce qui reste de votre couleur, avec une égale quantité de gomme adragant, détrempée

C 2

avec de l'eau ; mais il faut laisser
cette composition épaisse jusqu'à
un certain point. Après en avoir
passé vos gants avec l'éponge, vous
les étendrez sur des cordes, & sitôt
qu'ils seront secs, vous vous conten-
terez de les frotter dans vos mains,
observant de renformer les doigts
avec les tournegants, pour leur former un grain de maroquin, & d'ouvrir avec les doigts les écailles du
rebras : vous broyerez ensuite sur le
marbre, sans aucun mélange, de la
gomme adragant, qui aura été le
jour même détrempée avec de l'eau
commune : vous donnerez à vos
gants la gomme fort épaisse, ayant
soin de vous servir d'une éponge
neuve & qui ne soit atteinte d'aucune couleur : cela fait, vous les redresserez, & dès qu'ils seront secs,
vous les passerez jusqu'à deux ou
trois fois, par la gomme très-épaisse,
ayant soin de les renformer doucement. Il faut aussi, pour border les
gants, apprêter quelques peaux de
la même couleur.

Si à cette composition vous ajoutez un peu d'ocre de Rue, & de la

terre d'ombre brûlée ; vous pourrez donner à vos gants la couleur de Caffé.

DIFFÉRENS

Apprêts pour parfumer les Peaux d'Eventails.

Pour détacher les Cannepins des Peaux.

PRenez une égale quantité d'alun & de sel, & faites-les diffoudre dans le plus fort vinaigre blanc : vous en frotterez vos peaux avec une éponge, & les mettrez en pompe durant quelques heures, après quoi il vous fera facile de les féparer : il n'importe que vos peaux foient de chevreau ou de mouton.

Pour les purger & les parfumer.

Après avoir ainfi féparé les cannepins de vos peaux, vous les coupe-

C 3

rez tant soit peu plus grandes qu'un
éventail, pour qu'elles puissent déborder sur les moules ; vous les laverez fortement dans de l'eau commune, après qu'elles y auront trempé quelques heures, & vous les changerez d'eau, jusqu'à ce qu'elles demeu-
rent nettes ; vous les étendrez sur des
cordes, après les avoir exprimées, &
lorsqu'elles seront à moitié seches,
vous les plongerez dans de l'eau de
fleur d'orange, où vous les laisserez
jusqu'au lendemain : vous les exprimerez une seconde fois, mais plus
doucement que la premiere, & vous
les mettrez en pompe durant douze
heures : vous les mettrez derechef
secher sur des cordes, n'oubliant pas
de les détirer à mesure qu'elles secheront ; parce que si elles ne conser-
voient pas encore un peu d'humidité, quand on les détire, elles se dé-
chireroient à coup sûr : enfin, il faudra les couvrir de chaque côté avec
une éponge de la couleur que vous
aurez préparée, les étendre sur des
moules ou planchettes, & laisser en
dehors, le côté de la chair. Lorsqu'elles seront seches, vous les char-

gerez avec une éponge, & du côté de la chair seulement, de l'une des compositions suivantes. Il ne sera point nécessaire de les lever de dessus les moules : mais seulement il faut leur donner les fleurs, après les avoir laissé sécher ; l'odeur en sera beaucoup plus agréable.

Si pour charger vos éventails, vous vous servez de compositions dans lesquelles il entre plus de civette que d'autres parfums, vous ferez usage des fleurs ; si au contraire vous employez des compositions dans lesquelles il entre beaucoup d'ambre & de musc, les fleurs ne sont point nécessaires. Dans le premier cas, on ne se sert, pour les éventails, que de la fleur d'orange.

Méthode pour donner les fleurs aux Eventails.

Placez dans une caisse un lit de fleurs, & sur ces fleurs un lit d'éventails ; continuez de la sorte jusqu'à ce que tout soit employé, ayant soin de renouveller les fleurs du matin au soir, ou du moins toutes les

vingt-quatre heures. Il faudra réitérer cette opération durant cinq à
six jours.

COMPOSITIONS

Différentes pour charger les Eventails.

Composition au Musc.

APrès avoir broyé sur le marbre
deux gros de musc, avec un
peu de fleur d'orange, broyez de
nouveau un demi-gros de civette,
avec un peu d'essence de fleur d'o-
range ; broyez, enfin, gros comme
une noix de gomme adragant, qui
aura été détrempée avec de l'eau de
mille fleurs : mêlez le tout, en aug-
mentant l'eau de mille fleurs & en
continuant à broyer. Quand le mélange sera complet jusqu'à un certain point, & que l'eau s'incorpore-
ra avec votre composition, vous la
mettrez dans le petit mortier, la re-

muant avec le pilon , & ayant foin de l'augmenter avec l'eau de mille fleurs , jufqu'à la concurrence d'une chopine ; il en faudra cependant moins , fi vous voulez que l'odeur conferve plus de force. Pour charger vos éventails de cette compofi-tion, vous ferez ufage d'une éponge, & vous obferverez d'étendre la couleur bien également , & après les avoir laiffé fecher à l'air , vous les leverez de deffus les moules pour les mettre en fleurs : cette derniere opération eft la même que dans les articles précédens.

Autre Compofition.

Broyez fur le marbre, chacun à part , un gros de mufc mêlé avec un peu d'effence de fleur d'orange , un demi-gros de civette , & gros comme une noix de gomme adra-gant, détrempée avec de l'eau de fen-teur ; après quoi, vous broyerez de nouveau le tout enfemble, y ajou-tant telle quantité d'eau de fleur d'o-range que vous croirez néceffaire.

C 5

Composition à la Civette.

Broyez un gros de civette avec une demi-once d'huile de ben à la fleur d'orange, & après les avoir bien mêlés, versez-y peu-à-peu de l'eau de fleur d'orange, que vous aurez soin de bien incorporer avec le surplus : détrempez encore avec cette même eau, gros comme une noix de gomme que vous aurez broyée, & mêlant de nouveau le tout, mettez cette composition dans le petit mortier : vous l'augmenterez avec de l'eau de fleur d'orange à discrétion, & vous pourrez ensuite en charger vos éventails, selon la méthode précédente.

Composition ambrée.

Après avoir broyé à part, sur le marbre, deux gros d'ambre détrempé avec de l'eau de fleur d'orange, &un demi-gros de civette mêlée avec la même eau, broyez ensuite le tout ensemble ; à quoi vous ajouterez un bon filet d'eau de gomme d'Arabie :

il ne vous reſtera plus, pour faire uſage de cette compoſition, qu'à l'augmenter peu-à-peu avec de l'eau de fleur d'orange.

Autre à la mode de Rome, meil-leure que la précédente.

Elle en differe peu pour la maniere d'y procéder : vous prendrez deux gros d'ambre, un demi-gros de muſc, & dix-huit grains de civette, que vous broyerez à part ſur le marbre : vous aurez ſoin de méler l'ambre avec une demi-once d'huile de ben à la fleur d'orange, le muſc avec un filet de la même eſſence, dont vous mélerez auſſi tant ſoit peu avec la civette. Enſuite, raſſemblant le tout & le broyant de nouveau, vous y ajouterez de l'eau de fleur d'orange, dans laquelle vous aurez verſé un bon filet d'eſſence d'ambre : vous y mélerez auſſi un peu de gomme adragant, que vous aurez détrem-péc avec un peu d'eau de ſenteur ; après avoir mélé le tout, & augmenté votre eau à diſcretion, vous en ferez l'uſage ordinaire.

C 6

Compofition dite en Pointe d'Efpagne.

Il faut broyer d'abord, fur le marbre, vingt grains de civette détrempée avec un filet de fleur d'orange, dans laquelle on aura verfé un peu d'effence d'ambre : on broyera enfuite à part un gros de mufc, & l'ayant mêlé avec la civette, on mêlera le tout avec de l'eau de fleur d'orange ; après avoir chargé les éventails de cette compofition, & les avoir fait fecher, on fera chauffer le petit mortier, & fondre à fa chaleur deux gros d'ambre, augmentés d'un filet d'effence du même parfum : vous y ajouterez enfuite de l'eau de fleur d'orange, & un peu d'eau de gomme d'Arabic ; après quoi, vous mettrez votre mortier fur le réchaud, étant néceffaire de tenir votre compofition tiede pour en faire ufage.

DIVERSES COULEURS

Des plus belles, compoſées des Terres les plus propres à colorer les Peaux, les Gants & les Eventails, &c.

L'Amidon.
Le blanc de Troye.
La ceruſe.
Le talc.
L'ocre rouge.
L'ocre jaune.
L'ocre de Rue.
Le rocour.
La terre mérite.
La terre d'ombre.
La pierre noire.
La laque.
Le noir de fumée.
Le noir de lampe.
Le noir de four.
Le noir de Flandres,
Sont les terres propres à colorer les gants & les peaux.

Maniere de préparer les Couleurs.

Vos couleurs une fois choifies, vous aurez foin de les bien broyer à fec & fur le marbre ; vous les délayerez peu-à-peu avec de l'eau commune que vous augmenterez infenfiblement, & en broyant toujours, vous y ajouterez tant foit peu de gomme adragant ; vous mêlerez le tout enfemble & le ramafferez dans une terrine, ayant foin d'augmenter l'eau, en forte que la compofition ne foit ni trop claire, ni trop épaiffe : après en avoir chargé vos peaux ou vos gants, vous les mettrez fecher fur des cordes. Si ce font des peaux, vous les mettrez chair contre chair, & au bout de quelque tems, vous les frotterez & ouvrirez, pour les broyer avec un peu d'huile d'olive ou d'amandes, & tant foit peu de la même couleur dont vous aurez déjà fait ufage, & ayant derechef mis fecher vos peaux, vous les frotterez & redrefferez, lorfqu'elles feront à moitié feches.

Si ce font des gants, vous en prendrez quatre paires à la fois, que vous arrangerez doigts contre doigts , & les ayant plongés dans un autre feau d'eau , & en même-tems fecoués , vous les mettrez en pompe les uns fur les autres , pour leur faire prendre l'humidité ; après quoi, il fuffira de les frotter fur la pommele , & de les ouvrir avec des bâtons.

Enfin, fi vous voulez parfumer vos gants aux fleurs, ce ne fera qu'après avoir broyé les terres qui doivent fervir à les colorer, en y joignant les huiles & les eaux de fenteur qui conviendront le mieux à l'odeur des fleurs dont vous voudrez faire ufage.

Compofition d'un très-beau Blanc.

Choififfez avec foin du talc de pays, en telle quantité qu'il vous plaira : il faut qu'il foit en grande piece, & qu'il n'y ait ni veine terreufe, ni veine noire : faites enfuite une place proche le foyer, & après y avoir placé votre talc tout droit, de maniere qu'il fe foutienne réciproquement, vous ferez autour un feu de charbon, que vous aurez aussi placés droits. Au moyen de ce feu, que vous rendrez considérable & que vous aurez soin de souffler également, votre talc, après s'être calciné, deviendra blanc comme albâtre; ce qui étant fait, vous le broyerez sur le marbre avec un quart du plus blanc amidon, & quelque peu de gomme adragant détrempée, vous en passerez vos gants, & dès qu'ils seront secs, frottés & battus, vous les passerez de nouveau avec une gomme unie à une petite quantité de la présente composition.

Vous pourrez encore suivre cette pratique, pour rendre votre talc plus blanc ; c'est lorsqu'il sera calciné, de le broyer sur le marbre, en le délayant avec de l'eau commune. Sitôt qu'il sera réduit en forme d'onguent un peu épais, vous en formerez de petites boules que vous mettrez dans un creuset d'Orfèvre, & pour la seconde fois, vous le calcinerez au feu de roue.

Blanc de Lait.

De la gomme adragant bien blanche, détrempée avec du lait, broyée ensuite avec un peu d'amidon du plus blanc, & augmentée encore avec du lait; telle est la maniere de composer ce blanc : vous choisirez une éponge bien propre pour en passer vos gants.

Autre Blanc.

Réduisez en poussiere très - fine certaine quantité du meilleur blanc de Troye, & apres en avoir frotté vos gants avec force & à l'aide d'une brosse parfaitement propre, vous les battrez jusqu'à ce qu'il n'en sorte plus de poussiere : ensuite vous les passerez avec une gomme blanche & claire, & le plus proprement qu'il sera possible.

Beau Noir.

Recueillez avec un plat de terre vernissé, la fumée d'une lampe d'hui-

le de noix allumée avec une groſſe
meche, ramaſſez de tems en tems
cette fumée avec une plume, & la
mettez à part, pour enſuite la broyer
avec un peu de gomme & d'huile
d'olive ou d'amandes : faites en ſorte
que le tout ſoit un peu épais : alors
vous paſſerez vos gants avec cette
compoſition, & après les avoir frottés & renformés, vous leur donnerez
la gomme & les redreſſerez dans le
tems convenable.

Gris.

A deux onces de noir de Flandres
calciné ſur une pelle rouge, vous
joindrez une once de ceruſe ou blanc
de Troye : vous broyerez bien le tout
& vous y ajouterez de la gomme
adragant détrempée, mais en petite
quantité. Après avoir paſſé vos
gants avec cette compoſition & les
avoir frottés, vous leur donnerez la
gomme, à laquelle il faudra joindre
quelque peu de la même couleur.

Noisette.

Peu de jaune, peu de rouge, peu de blanc, & beaucoup de terre d'ombre brûlée.

Noisette Brune.

Beaucoup de terre d'ombre brûlée, & une égale quantité de rouge, de jaune, & de pierre noire réduite en poudre.

Noisette Claire.

Une égale quantité de jaune & de terre d'ombre brûlée, mais peu de rouge & peu de blanc.

Feuille Morte.

Parties égales de blanc, de jaune & de terre d'ombre non brûlée.

Couleur d'Espagne.

Beaucoup de terre d'ombre bien brûlée, peu de noir, & encore moins de brun-rouge.

Couleur de Franchipanne.

Beaucoup de rouge, trois fois autant de jaune, & peu de terre d'ombre.

Couleur de Paille.

Peu de blanc, très-peu de rouge, mais beaucoup de jaune & de gomme.

Couleur Minime.

Un peu de terre d'ombre brûlée, & beaucoup de noir de four.

Couleur d'Olive.

Beaucoup de terre d'ombre non brûlée, peu de jaune, & le quart de rouge.

Couleur d'Ambre.

Beaucoup de jaune, peu de rouge, peu de blanc.

Couleur Brune.

Bien peu de noir, auſſi peu de rouge, mais beaucoup de pierre noire.

Couleur de Muſc.

Beaucoup de terre d'ombre brûlée, peu de blanc, peu de rouge & fort peu de pierre noire.

Brun Clair.

Beaucoup de terre d'ombre brûlée, un peu de pierre noire, un peu de rouge.

Couleur de Roſe ſeche.

Fort peu de jaune & de rouge brun, beaucoup de noir.

Franchipanne Claire.

Peu de terre d'ombre, peu de blanc, beaucoup de rouge & autant de jaune.

Isabelle Vif.

Une certaine quantité de blanc, la moitié de jaune, & le quart de rouge-jaune.

Couleur de Triflamis.

Peu de rouge, une certaine quantité de noir, & le double de terre d'ombre brûlée.

Couleur d'Agathe.

De la laque délayée avec un peu de gomme, & que ce mélange soit fort clair.

Couleur de Citron.

Une quantité égale de terre mérite & d'ocre jaune, avec de la gomme.

Couleur de Chair.

Pour les gants de chevreau, on se sert de laque bien broyée, & si l'on

veut les couleurs plus ou moins fon-
cées, on rend cette laque plus ou
moins épaisse ou claire : le blanc de
Troye, l'ocre brûlée, ou la ceruse à
discrétion, peuvent aussi former ces
sortes de couleurs.

Couleur d'Or.

Pour la premiere couche, mêlez
ensemble de l'ocre de Rue & un peu
de rouge : pour la seconde, prenez
de la terre mérite & un peu de rouge, que vous mêlerez avec de la
gomme.

On employe encore dans plusieurs sortes de couleurs, des terres
fines ; telles sont le macicot, la terre
de Veronne, celle de Venise, & un
grand nombre d'autres que l'on dé-
couvre journellement. Ces terres
forment de très-belles couleurs,
pourvû qu'elles soient bien broyées
& rassemblées.

MOYEN

D'empêcher la Gomme de se gâter, après avoir été détrempée & broyée.

IL suffit de la saler avec du sel triste.

Méthode pour teindre les Peaux de Chevres de diverses couleurs.

Il est d'abord nécessaire de leur ôter le jaune ; pour cet effet, on les lave dans l'eau commune, jusqu'à ce qu'elle devienne claire. Il est bon de les mettre ensuite secher au soleil, parce qu'il les blanchit & les dispose à mieux prendre la couleur qu'on voudra leur donner.

Donnez à vos peaux le premier apprêt, tel que le voici désigné pour deux douzaines.

Mettez dans un chaudron un de-
mi-

mi-sceau d'eau, & dans cette eau, une demi-livre d'alun de roche con-caffé ; mettez enfuite votre chau-dron fur le feu, & l'en retirez lorf-que l'eau fera prête à bouillir, parce qu'autrement vous la verriez s'enle-ver & fe répandre : lorfqu'elle ne fera plus que tiede, vous y purgerez & alunerez vos peaux en les foulant jufqu'à un certain point ; après quoi, les ayant tordues & laiffé fecher, vous les plongerez dans la couleur, comme la fuite vous l'enfeignera.

Couleur de Citron.

Prenez de la graine d'Avignon, & de l'alun concaffé, en telle quantité que vous jugerez néceffaire, laiffez tremper quelque tems ce mélange ; après l'avoir fait bouillir, & tandis qu'il fera encore à demi-tiéde, vous y pafferez & foulerez vos peaux à deux ou trois reprifes ; mais à cha que reprife, vous ferez de la teinture nouvelle & femblable à la premie-re, les peaux prenant ordinairement toute la couleur.

D

Vert.

Prenez du vert-de-gris à proportion du nombre de peaux que vous aurez à teindre, faites-le bouillir & y paſſez vos peaux, lorſqu'il ne ſera plus que tiéde.

Caffé.

Mêlez de la graine d'Avignon avec un peu plus d'alun qu'aux autres couleurs, joignez-y un peu de ſuie de cheminée: faites bouillir le tout, & lorſque cette compoſition ſera froide, vous en paſſerez vos peaux.

Jaune.

Mettez dans un chaudron ſur le feu, ſeize pintes d'eau avec ſix onces d'alun concaſſé ; lorſque l'eau ſera prête à bouillir, mêlez-y une livre de graine d'Avignon, que vous aurez fait tremper du jour au lendemain: après avoir fait bouillir le tout une demi-heure, vous paſſerez vos peaux avec cette compoſition, après toutefois qu'elle ne fera plus que tiéde.

Violet.

Paſſez vos peaux dans de l'eau, où vous aurez fait bouillir une quantité proportionnée de bois d'Inde, après l'avoir haché fort menu : il faudra laiſſer tiédir votre teinture, avant que d'en faire uſage.

Bleu.

Faites tremper durant trois heures ou environ, quatre onces de tourneſol, que vous mettrez enſuite dans de l'eau chaude ; & lorſque cette couleur ſera tiéde, vous y paſſerez vos peaux.

Aurore.

Faites bouillir enſemble des copeaux de Bréſil avec du vinaigre, & un peu d'alun ; enſuite vous y ajouterez la même quantité, à peu près, de graine d'Avignon, ou de couleur de citron, & cette compo-

sition étant tiéde , vous y passerez
vos peaux.

Oranger.

Hachez bien une livre de bois de
fustel , que vous ferez tremper durant vingt-quatre heures ; faites-le
bouillir ensuite avec un peu d'alun
& de terre mérite , ou un peu de rocour , & laissez tiédir cette composition , avant que d'en faire usage.

Rouge.

Prenez une demi-coupe de son de
froment, que vous enfermerez dans
un sac de toile; mettez ce sac dans
huit pintes d'eau de riviere , que vous
ferez bouillir dans un chaudron ,
ayant soin d'y ajouter deux onces
d'alun , ce qui rendra l'eau blanche :
broyez ensuite une once de gravelle,
une once de cochenille, & trois onces d'alun de glace, & mettez ce mélange dans votre chaudron, après en
avoir retiré le sac. Laissez bouillir le
tout une demi-heure , jusqu'à ce
qu'il soit rouge , & y passez vos

peaux , après l'avoir laissé tiédir.

Couleur de Feu.

Faites bouillir du brésil , avec un peu d'alun & du vinaigre, & passez vos gants avec cette teinture , après l'avoir laissé tiédir.

Couleur de Ponceau.

Il faut mettre bouillir avec de l'eau suffisamment , & jusqu'à la consommation de la moitié, du bois de Brésil taillé bien menu , & retirant ensuite votre teinture , vous la mettrez à part : vous ferez bouillir le même bois dans une autre eau , & vous passerez vos peaux dans cette seconde couleur. Si les peaux sont blanches , il suffira qu'elles ayent été purgées simplement avant cette seconde couche ; si , au contraire, elles sont passées en huile , vous les passerez deux ou trois fois dans la seconde teinture ; mais après avoir été allunées, comme il est enseigné ci-devant.

Pilez ensuite une noix de galle

pesante, bien fine ; mettez cette
poudre dans un tamis bien fin, pour
la saffer sur votre premiere couleur,
que vous aurez placée dans une terrine, en quantité suffisante, pour
colorer une douzaine de peaux de
chevreaux ou d'agneaux. Pour les
peaux d'agneaux de camp, il faudra
plus de couleur, & par conséquent
plus de galle : on peut alors faire
usage de deux noix. Il en sera de
même pour les peaux de chevres :
enfin, vous chargerez vos peaux de
cette teinture, après y avoir fait infuser un peu de chaux, & vous vous
servirez de brosses, pour mieux incorporer la couleur.

Couleur de Bronze.

Il faut d'abord laver vos peaux,
pour en ôter le jaune ; ensuite vous
les purgerez & les laisserez tremper
deux bonnes heures, dans quinze
ou vingt pintes d'eau de galle, que
vous aurez pris chez les Teinturiers
en soye : vous y prendrez aussi une
pareille quantité de noir, & vous
y foulerez vos peaux environ une
demi-heure : vous pourrez encore,

pour servir de mordant, faire usage
d'un peu de molard, pris chez les
Couteliers ; il faudra ensuite, laver
vos peaux à la riviere, observant de
les bien battre & de les bien tordre,
jusqu'à ce que l'eau en sorte claire &
nette : vous pourrez aussi couper
vos gants, & les faire coudre avant
que de leur donner le dernier noir ;
sinon, vous les laisserez secher, &
les ouvrirez, pour les passer par la
composition suivante.

Mettez dans un sceau & demi
d'eau, une livre & demie de bois
d'Inde, avec la moitié d'autant de
fustel : faites bouillir votre eau, jusqu'à ce qu'elle soit réduite à moitié,
& l'ayant retirée du feu, vous y mettrez quatre onces de vitriol pulvéri-
sé. Ce mélange étant dissout & tiéde, vous y passerez, à cinq ou six re-
prises, vos peaux ou gants, ayant soin
de les bien tordre, & de les manier
en dedans : après les en avoir tirés &
les y avoir remis, au bout d'une demi-heure, vous les mettrez secher :
vous les ouvrirez, si ce sont des
peaux ; & vous les redresserez, si ce
sont des gants.

D 4

Bronzure différente, pour une douzaine de Peaux.

Vous ferez bouillir dans quinze pintes d'eau, quinze galles concassées ; après quoi, laissant tiédir votre eau, vous y passerez vos peaux, que vous y foulerez bien avant que de les tordre, & vous les passerez au noir, lorsqu'elles seront presque seches.

Si au contraire vos peaux sont en huile, vous ne les engallerez point, mais vous les alunerez, comme il a été expliqué plus haut.

Fond de Noir, pour les Peaux.

Hachez bien deux livres & demie de bois d'Inde, & une livre de fustel, que vous ferez bouillir dans deux sceaux d'eau, jusqu'à la diminution d'un tiers : vous mettrez dans votre teinture, lorsqu'elle bouillira, pour trois sols de sel ammoniac, & & sur le champ, vous l'éloignerez du feu : vous la laisserez tiédir, & sur chaque petite bassinée qu'il vous faudra prendre de ce bain, vous mettrez une petite cuillerée de bouche de vitriol Romain, où il y aura les deux tiers de couperose ; le tout bien broyé, cette dose suffira pour une grande peau, & vous la multiplierez à proportion du nombre de peaux que vous voudrez teindre. Il suffira de les passer dans cette teinture en les foulant bien.

MÉTHODE

Pour nettoyer & repasser les Caleçons de Peaux de Chevre & de Mouton, passés à l'huile.

Laissez d'abord tremper, durant vingt-quatre heures, votre caleçon dans la lessive, & ne l'en retirez qu'après l'avoir bien savonné. Tordez-le ensuite, & l'ayant lavé dans de l'eau, jusqu'à ce qu'elle demeure claire, mettez-le sécher au soleil. Tandis qu'il sechera, écrasez un petit morceau d'ocre rouge, au-

tant de blanc de Troye, & gros comme un œuf d'ocre jaune, que vous
mettrez tremper dans une pinte
d'eau, pour ne l'en retirer que le
lendemain. Prenez ensuite quatre
jaunes d'œufs bien séparés de leurs
blancs, & les ayant mêlés & bien
délayés avec deux onces d'huile d'o-
live, vous y ajouterez un peu d'eau :
après avoir versé le tout dans votre
couleur, mettez-y tremper votre caleçon jusqu'au lendemain, & l'ayant
retiré & tordu légerement, vous l'é-
tendrez sur une corde, jusqu'à ce
qu'il soit sec ; après quoi, vous le
torderez & le frotterez bien, pour
l'amollir, & vous lui ferez reprendre
sa forme en le détirant.

COMPOSITIONS

Propres à garnir des Gants ou
Caſſolettes.

Compoſition pour porter ſur ſoi.

JOignez à un petit morceau de
marc d'eau d'ange, quatre grains
de civette, & un filet de baume du
Perou : broyez le tout dans un petit
mortier, & ramaſſant cette compoſition avec du coton, vous en
pourrez faire uſage.

Autre compoſition ſupérieure à la précédente.

Broyez un petit morceau de marc
d'eau d'ange, auquel vous joindrez
quatre gros de muſc, deux grains
de civette, gros comme un pois de
ſtorax liquide, & un filet de baume de Perou : mêlez le tout enſemble dans le même mortier, & votre
compoſition eſt faite.

D 6

Composition Musquée.

Douze grains de musc, broyés avec un petit morceau de sucre, dans un petit mortier, où l'on ajoutera un petit filet d'essence de canelle, autant d'essence de girofle, & quatre grains de civette, forment toute cette composition. Il faudra la ramasser avec du coton, pour en garnir sa cassolette.

Composition Ambrée.

Ayant fait chauffer le petit mortier, vous ferez dissoudre par sa chaleur, huit grains d'ambre ; après quoi, vous y ajouterez quatre grains de civette, & vous ramasserez votre composition avec un peu de coton imbibé d'essence d'ambre.

Autre composition, dite en Pointe d'Espagne.

A huit grains d'ambre dissous, comme dans l'article précédent, vous y ajouterez six grains de musc, deux grains de civette, & un petit filet de baume du Perou ; ayant bien mêlé le tout, vous le ramaſſerez, comme il eſt dit ci-deſſus.

Autre encore plus odoriférante.

Faites diſſoudre dans le mortier, douze grains d'ambre, auſquels vous ajouterez enſuite huit grains de muſc, quatre grains de civette, un filet d'eſſence de girofle, autant d'eſſence de canelle, un peu moins d'eſſence d'ambre, & quelques gouttes de baume du Perou. Il faudra, pour en garnir vos caſſolettes ou vos glands, ramaſſer le tout avec un peu de coton parfumé.

Compoſition d'une odeur très-forte & très-agréable.

Après avoir fait chauffer le mortier, vous y ferez diſſoudre vingt grains d'ambre, auſquels vous ajouterez un petit filet d'eſſence du même parfum : enſuite, vous y joindrez dix grains de muſc, ſix grains de civette, du marc d'eau d'ange en poudre, une petite pincée, & quelques gouttes de baume de Perou. Cette composition étant bien mêlée, vous la ramasserez avec un peu de coton parfumé, pour la mettre dans une veſſie de muſc : vous couvrirez enſuite cette veſſie de telle étoffe qu'il vous plaira, en forme de pelotton ; ce qui la rendra portative.

TRAITÉ

De toutes les différentes sortes
de Savonnettes qui sont aujourd'hui en usage.

Savonnettes communes Citronnées

COupez par morceaux une demi-
douzaine de citrons, que vous
ferez bouillir dans deux pintes d'eau.
Passez ensuite cette eau avec un linge, & exprimez le suc des citrons :
ce mélange vous servira pour la
composition de vos savonnettes.
Vous aurez soin d'en prendre une
chopine, pour faire fondre six livres
de savon, que vous couperez fort
mince; lorsqu'il sera fondu, vous
l'éloignerez du feu, pour y mettre

trois livres d'amidon en poudre, &
un filet d'essence de citron : mêlez
ensuite & pétrissez le tout. Il ne
vous restera plus qu'à rouler vos savonnettes, & à les marquer en même-
tems : si vous vouliez les rendre encore plus blanches , vous pourriez
y ajouter du blanc de ceruse.

Savonnettes à l'Orange.

Prenez une pinte d'eau , dans laquelle vous laisserez tremper jusqu'au lendemain , deux onces de
magalep, après l'avoir pilé : exprimez ensuite fortement ce mélange,
en le passant par un linge , & faites
fondre, peu-à-peu, dans une chopine de cette eau, six livres de savon
coupé bien mince , observant de le
remuer doucement. Prenez, en outre, deux livres d'amidon, une demi-
livre de blanc de ceruse, & autant
de blanc de Troye : réduisez le tout
en poudre , & l'ayant délayé avec le
reste de votre eau de magalep, mettez le tout dans votre savon , après
l'avoir éloigné entierement du feu.
Il faut , en outre , avant de pétrir ce

mélange, y ajouter un filet d'essence petit grain.

Autres Savonnettes communes.

Après avoir coupé fort mince,
jusqu'à six livres de savon de Genes,
& l'avoir fait sécher à l'air, vous le
mettrez dans une terrine, pour l'ar-
roser d'eau de lavande, jusqu'à ce
qu'il soit amolli: après l'avoir ensuite
bien pilé dans le mortier, vous y
ajouterez deux livres d'amidon, une
demi-livre de blanc de Troye, & autant de blanc de ceruse. Il faut que
ce mélange ait été auparavant réduit en poudre bien fine, & délayé
avec de l'eau de lavande, à laquelle
vous ajouterez une demi-poignée de
sel en poudre ; & que toute cette
composition soit bien liquide &
bien mélée. Pilez alors une seconde
fois le tout, en y ajoutant de l'iris de
Florence une poignée. Si votre pâte,
étant bien formée, se trouvoit trop
liquide, vous la laisseriez reposer,
avant que de former vos savonnettes.

MANIERE de purger le Savon, pour en faire des Savonnettes Parfumées.

FAites fondre dans un chaudron, avec deux pintes d'eau de rose, & deux bonnes poignées de sel en poudre, vingt ou vingt-cinq livres de savon de Genes, coupé fort mince. Il faut le remuer tandis qu'il fondra, & ensuite le verser dans des terrines ou autres vaisseaux ; après quoi, vous le découperez fort mince, & le ferez secher à l'air, pour en user à votre volonté.

Savonnettes Grises Parfumées.

Il faut prendre d'abord six livres de votre savon purgé, que vous ferez ramollir avec de l'eau-rose, de maniere qu'il y trempe. Vous le remuerez exactement, jusqu'à ce qu'il soit ramolli, & que l'eau soit ébue ; après quoi, vous le pilerez dans le mortier, de maniere qu'il n'y reste point de grumelots : prenant ensuite une livre d'iris, quatre onces de benjoin, deux onces de storax, une noix muscade, deux gros de canelle, deux gros de cloux de girofle, & une demi-once de labdanum, vous réduirez le tout en poudre très-fine, & l'ayant délayé avec de l'eau de fleur d'orange, vous l'ajouterez à votre savon. Enfin, vous broyerez dans le petit mortier, avec de l'eau de senteur, autant de musc qu'il vous plaira : vous le mêlerez avec votre pâte, à laquelle vous joindrez encore un filet d'essence de Neroly, autant d'essence d'ambre, & tant soit peu d'essence de canelle & de girofle : vous n'aurez plus qu'à rouler vos savonnettes.

AUTRES Savonnettes *Grifes*, *mieux parfumées que les précédentes.*

MElez avec de l'eau d'ange un demi-poiſſon de lait virginal, & vous en ſervez pour amollir ſix ou ſept livres de ſavon purgé, ou deux paquets de ſavonnettes communes de Bologne, qu'il faudra auparavant caſſer : il faudra auſſi faire tremper la pâte entierement, & avoir ſoin de la retourner. Quand l'eau ſera toute conſommée, & la pâte bien amollie & bien pilée, vous paſſerez à la compoſition qui ſuit.

Pilez d'abord, dans le petit mortier, un gros de muſc, & ayez ſoin de le délayer avec un demi-ſeptier de bonne eau d'ange, & d'eau de roſe à égales quantités : il faut enſuite le mettre à part.

Broyez de nouveau, dans le petit mortier, une demi-once de baume du Perou, un filet d'eſſence de girofle , & autant d'essence de canelle , joignez-y un demi-gros de civette ; le tout étant mêlé , répandez cette composition sur votre pâte , que vous aurez remise dans le mortier , ajoutez-y quatre onces de poudre de marc d'eau d'ange , autant de celle de racine de campana , & une once de labdanum aussi réduit en poudre : versez sur le tout , votre eau d'ange musquée , à laquelle vous joindrez un filet d'essence de Neroly. Ayant de nouveau mêlé & pilé le tout ensemble , vous ramasserez cette pâte en un monceau , mais vous n'en formerez vos savonnettes , qu'après l'avoir laissé reposer jusqu'au lendemain.

Autre sorte de Savonnettes.

Celles-ci sont également grises & parfumées : voici de quelle maniere on doit les composer.

Après avoir amolli & détrempé , avec de l'eau d'ange , six ou sept livres de savon purgé , & l'ayant par ce moyen réduit en pâte , il faut y joindre une demi-livre de marc d'eau d'ange, quatre onces de labdanum, que vous réduirez en poudre très-fine, y ajoutant un demi-septier de la meilleure eau de mille fleurs : vous pilerez de nouveau ce mélange, pour ensuite y ajouter une demi-once de baume du Perou, & deux gros d'essence de Neroly. Ayant encore une fois mêlé le tout, vous laisserez reposer votre pâte durant vingt-quatre heures, avant que d'en faire usage.

Savonnettes Noires de Neroly.

Vous ferez d'abord fondre, dans un chaudron, six livres de savon de Genes, que vous couperez fort mince, & auquel vous joindrez une pinte d'eau commune ; il faut remuer votre savon à mesure qu'il fondra, ensuite le verser dans une terrine, & l'y laisser raffermir. L'ayant de nouveau coupé fort mince, vous le mettrez secher & durcir à l'air : enfin, vous le mettrez encore une fois tremper avec de l'eau commune, ou, ce qui vaudroit beaucoup mieux, avec de l'eau de fleur d'orange ; lorſqu'il ſera bien amolli, vous le pilerez dans le mortier, juſqu'à ce qu'il n'y reſte aucuns grumelots : vous prendrez, en outre, une demi-livre de labdanum réduit en poudre très-fine, & une demi-once d'eſſence de Neroly, que vous mêlerez avec le ſurplus, obſervant de ne faire uſage de votre pâte, que lorſqu'elle ſera bien formée.

Savonnettes en façon de Bologne.

Détrempez, comme ci-devant, mais avec de l'eau de roſe, ſix livres de ſavon purgé, ajoutez-y, lorſqu'il ſera bien amolli, deux cuillerées de ſtorax liquide, & fondu auparavant avec de l'eau de roſe, une demi-livre d'iris en poudre, autant de poudre de graine d'ambrette, une cuillerée d'huile d'aſpic, & une quantité d'eau-roſe ſuffiſante pour former votre pâte, que vous ne roulerez en ſavonnettes, qu'après l'avoir pilée, mêlée & laiſſé repoſer pour l'affermir.

Vrayes Savonnettes de Bologne.

Mêlez avec de l'eau d'ange, du lait virginal, & vous en servez pour amollir la pâte d'une certaine quantité de savonnettes de Bologne, que vous aurez cassées dans un mortier. Il faut remuer cette pâte avec soin, pour la rendre également molle partout. L'eau que vous y aurez mise étant entierement imbibée, & votre pâte un peu raffermie, vous la pilerez dans le mortier, ayant soin de n'y laisser aucuns grumelots.

Pilez ensuite un gros de musc, pour le délayer, peu-à-peu, avec un demi-septier d'eau de rose & d'eau d'ange, à égales quantités.

Cela étant fait, vous prendrez huit livres de votre pâte de savonnettes, & l'ayant mise dans le mortier, vous y ajouterez une demi-livre d'iris en poudre, deux poignées de labdanum, aussi réduit en poudre très-fine, une demi-once de baume du Perou, & telle quantité de votre eau musquée, que vous croirez nécessaire. Enfin, après avoir mêlé &

pilé

pilé le tout, après avoir enfuite laiffé repofer & raffermir cette pâte,
vous roulerez vos favonettes aux-
quelles vous donnerez la groffeur
ordinaire de celles de Bologne en
boëtes.

SAVONETTES

De Bologne bien parfumées,
propres à être mifes dans des
boëtes.

LA maniere de les compofer a
beaucoup de rapport avec les
méthodes précédentes ; elle confifte à caffer d'abord, comme ci-deffus, des favonettes communes de
Bologne, & à les faire amollir avec
une quantité fuffifante d'eau d'ange
mêlée avec un peu de lait virginal :
ayant réduit vos favonettes en pâte,
vous les pilerez dans le mortier. Il
faudra fur huit livres de cette pâte,
ajouter deux poignées de poudre de
racine de campana, une poignée de

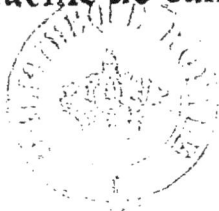

E

labdanum , également réduit en
poudre très-fine, une once de baume du Pérou, deux gros d'essence
de Néroly , & un demi - septier, à
égales parties, d'eau d'ange, & d'eau
de fleur d'orange , où l'on aura soin
de délayer deux gros de musc : enfin , votre pâte étant bien mêlée,
bien pilée, vous ne l'employerez
qu'après l'avoir laissé reposer vingt-
quatre heures.

Savonettes Légeres.

Mêlez, en les coupant fort mince,
deux livres de savon de Gayette ,
avec autant de savon de Genes : mettez le tout dans un pot de terre vernissé , & d'une grandeur suffisante.
Versez ensuite une pinte d'eau de
rose sur votre savon que vous
ferez fondre doucement. Vous observerez l'instant où il commence à
s'échauffer : alors prenant un bâton
large & quarré, vous vous en servirez pour tourner & fouetter cette
pâte, jusqu'à ce qu'elle enfle ; vous
la retirerez du feu dans cet instant,
mais en tournant toujours, jusqu'à

ce qu'elle foit enflée : l'ayant remife
fur le feu pour la réchauffer , vous
tournerez de nouveau jufqu'à ce que
votre pâte étant prefque faite , elle
n'ait plus d'humidité. Enfin, prenant cette pâte encore mollette, vous
en formerez des boules que vous
mettrez fur des ais , & le lendemain
vous les arrondirez en les coupant
avec un couteau : fi vous n'avez
point de moules , vous les roulerez
dans les mains, lorfquelles feront un
peu feches : quand vous les voudrez
faire avec du feul favon de Genes ,
vous obferverez que vous vous fervirez d'eau de vie , au lieu d'eau de
rofe.

Si vous fouhaitez les faire couleur
de coco, vous pilerez du rocour, que
vous mettrez tremper dans l'eau ,
avec laquelle vous voudrez faire fondre votre favon , & vous la paflerez
auparavant. Si, au contraire , vous
défirez qu'elles foient d'une couleur
brune , vous répandrez de l'efprit de
vin fur de la terre d'ombre brûlée ,
vous broyerez fort fin ce que vous
en aurez pris, & vous mettrez enfemble autant de rocour que de ter-

re d'ombre, dans l'eau dont vous voudrez fondre, & après l'avoir laiſſé tremper & paſſée, vous vous en ſervirez à l'ordinaire.

CIRE GRISE

Parfumée.

MElez une once de poudre de polvit, une de groſſe poudre de violette, paſſée bien fine dans quatre onces de cire, & deux onces de pommade fondue ; enſuite verſez dans cette compoſition un filet d'eſſence de girofle, & vous emplirez vos moules.

Si vous voulez que l'odeur ait plus de force, il faut que le deſſus de vos bâtons ſoient frottés de civette.

DES ESSENCES

Douces.

LEs caſſis.
Les tubereuſes.
Les fleurs d'orange.
Les jacintes.
Les roſes muſcades.
Les violettes.
Les jonquilles.
Le jaſmin.
Telles ſont les fleurs qui commu-
niquent leur odeur aux huiles & aux
eſſences.

Huiles parfumées aux fleurs, pour les Cheveux.

L'huile d'olive, celle de noiſette
& celle d'amandes douces, ſont les
ſeules dont on ſe ſerve pour parfumer aux fleurs les cheveux. Pilez des
amandes à l'eau chaude : lorqu'elles
ſeront ſeches, réduiſez-les en poudre : paſſez-les par un gros ſas, &

faites un lit de poudre d'amandes, &
un lit de fleurs dans une caiſſe ; après
avoir continué de cette maniere,
pour vous ſervir de ce que vous en
voulez parfumer , & après avoir
laiſſé les fleurs du matin au ſoir,
vous paſſerez vos amandes pour retirer ces mêmes fleurs : alors vous les
renouvellerez , en remettrez de fraîches , & répéterez cette même opération pendant huit jours : quand
vos amandes auront bien pris l'odeur
de la fleur que vous aurez choiſie,
vous les mettrez dans des toiles
neuves , en ferez des paquets pliés
deux à deux , plis contre plis , &
exactement preſſés, pour tirer l'huile
qui ſera parfumée de l'odeur de la
fleur.

Eſſence & huile de Mille Fleurs.

Mélangez des eſſences ou des huiles de toutes odeurs de fleurs enſemble ; obſervez qu'elles ne dominent
pas plus les unes que les autres , &
ce mélange fait , vous aurez une eſſence très gracieuſe.

Essence de Citron.

Faites tremper pendant quelques heures, une quantité de citrons coupés par morceaux, dans de l'eau un peu tiede : mettez le tout dans l'alembic au réfrigeratoire. La distillation faite, laissez-la reposer dans une bouteille de verre : l'essence, ne manquant pas de monter sur l'eau, que vous ferez sortir, restera toute pure.

Essence d'Orange & de Neroly.

Ces deux essences ont de grandes propriétés : elles ne le cedent point aux autres. La maniere de les employer est aisée, ce qui en rend l'usage plus fréquent ; & pour les composer avec succès, l'opération la plus courte & la moins dispendieuse, est la même que la précédente.

Essence de Rose.

Vous prendrez des roses, dont vous remplirez un alambic de verre,

& obferverez de les bien preffer en
en faifant un lit avec un autre de fel.
Enfuite, vous boucherez votre alambic pendant huit mois : après quoi,
vous le ferez diftiller au bain marie,
& l'effence fe trouvera deffus dans
toute fa pureté, quand vous aurez
laiffé repofer l'eau dans le récipient.

Effence de Cédra, de Bergamote, de Bigarade, de Limoncelle, de Portugal & autres fruits.

Il eft néceffaire de cueillir le fruit
dans fa maturité, pour réuffir à tirer ces effences.

Mettez un entonnoir de verre ou
d'argent à une fiole, & coupez la
fuperficie de l'écorce du fruit que
vous aurez choifi, parmi tous ceux
que je viens de nommer : alors vous
le prefferez & l'exprimerez dans l'entonnoir, faifant en forte que le tout
prenne le moins d'eau que vous pourrez. Après en avoir tiré la quantité
qu'il vous plaira, vous y ajouterez
pour la conferver, un petit mor-

ceau d'alun de roche. Cette compofition ayant repofé quinze jours,
vous la remettrez dans une autre
bouteille, en la verfant par inclination; & fi vous obfervez de ne la
pas troubler, vous aurez une effence qui aura de grandes propriétés.

E 5

TRAITÉ
DES POMMADES.

LEs fleurs que l'on employe communément pour parfumer les pommades, font :
La violette double.
La tubereuse.
La fleur d'orange.
Le jaſmin.
La jonquille muſquée à la Reine.

Pommade pour conſerver le Teint dans ſa fraîcheur.

Vous mettrez dans une terrine verniſſée, ſur un feu modéré, une once d'huile des quatre ſemences froides, une d'amandes douces, deux de ſperme de baleine, un quart de cire vierge blanche ; lorſque le tout

sera fondu & que vous l'aurez doucement remué pour le faciliter à
foudre, vous le retirerez du feu,
vous y répandrez de l'eau congelée
à force d'être battue, & vous n'ôterez cette même eau que pour en
mettre de fraîche ; après avoir lavé
cette compofition deux ou trois fois
de cette maniere, vous la laverez
pour une derniere fois dans de l'eau
de plantin, & quand elle sera égouttée, la pommade sera finie & parfaite.

Pommade pour ôter les Rougeurs.

Vous mettrez tremper dans l'eau,
une livre de panne de porc mâle,
jufqu'à ce qu'elle foit devenue d'une
blancheur raifonnable : vous la ferez
égoutter avant que de la pofer dans
un pot neuf de terre, avec deux ou
trois pommes de rainette coupées
par quartiers, une once & demie des
quatre femences froides pilées, &
un morceau de rouelle de veau de
la grandeur de quatre doigts ; le tout
ayant bouilli l'efpace de quatre heures au bain marie, vous prendrez un

E 6

linge extrêmement serré, pour passer votre pommade, dont vous laisserez tomber la coulature dans une terrine, que vous observerez de poser sur des cendres chaudes, en y ajoutant une once de cire vierge blanche, & une d'huile d'amandes douces: ensuite vous battrez cette pommade avec une spatule, après l'avoir fait fondre avec soin.

Pommade qui fait un excellent effet sur le Visage.

Versez quatre onces d'huile d'amandes douces, une de cire grainée, & une demie de sperme de baleine, dans un vase de terre que vous poserez sur la cendre chaude, où vous remuerez le tout, jusqu'à ce qu'il soit fondu : alors retirez-le du feu ; répandez de l'eau claire dans votre pommade en la battant, & quand le vase en est rempli, jettez-la, ne retenez que la pommade, & rebattez-la encore, en y ajoutant une nouvelle eau. Observez cette méthode jusqu'à ce qu'elle soit devenue parfaitement blanche ; après

quoi, battez-la dans l'eau de nénuphar, & battez-la tellement pour la
derniere fois sans eau, qu'il n'y en
reste pas une goutte. Quand elle sera
reposée, le lendemain mêlez-y deux
gros de semence de perles fines en
poudre, gros comme une noix de
borax ; l'ayant ainsi battue & mêlée,
elle sera portée au degré de la perfection qu'elle peut avoir.

Autre pour le Visage.

Après avoir purgé dans de l'eau
deux onces de porc mâle, vous les
poserez dans une terrine ou les ferez
fondre doucement sur les cendres
chaudes : vous les passerez ensuite
par un linge, & y ayant ajouté deux
onces d'huile d'amandes douces, &
une demie de cire grainée, vous ferez fondre le tout à petit feu, & ne
le retirerez que pour le battre avec
la spatule, en y jettant de l'eau,
à laquelle vous ferez succéder celle
de nénuphar.

Si vous souhaitez la rendre capable de faire passer les dartres, vous
prendrez du jus de citron, dans le-

quel vous la rebattrez encore, &
quand vous voudrez vous en fervir,
vous aurez la précaution de vous en
frotter le vifage le foir, pour l'ef-
fuyer avec un linge le lendemain.

Autre pour le Vifage.

Faites blanchir dans de l'eau une
demi-livre de panne de porc mâle ;
après l'avoir bien égouttée, faites-la
fondre doucement dans un vafe de
terre, fur un réchaud de feu, ajoutez-y une demi-once de cire vierge,
deux gros de fperme de baleine, &
une once d'huile d'amandes douces :
retirez le tout quand il fera bien mêlé, battez-le bien avec la fpatule,
en y verfant de l'eau claire, jufqu'à
ce qu'il foit congelé dans l'eau : ceci
exécuté, faites-la fortir entierement ;
ce qui reftera au fond, formera une
pommade fort gracieufe, que vous
laverez encore de cette façon, jufqu'à
ce qu'elle atteigne à la blancheur
qu'elle peut avoir.

Pommade pour les Levres.

Vous placerez fur un réchaud de feu, dans une terrine, une demi-livre d'excellent beurre frais, & deux onces de cire vierge blanche, vous y jetterez des grains d'une grappe de raifin noir fort murs, & quelques bâtons d'orcanet, lorfque les premieres drogues feront fondues : vous écraferez doucement les grains de raifin & ferez bouillir cette compofition l'efpace d'un quart d'heure : enfuite, vous pafferez le tout dans un linge bien ferré, verferez dans votre pommade que vous remettrez près du feu, une cuillerée d'eau de fleur d'orange, & l'ayant fait bouillir pendant quelque tems, vous l'ôterez du feu & la mêlerez infenfiblement, jufqu'à ce qu'elle foit refroidie : alors étant bien renfermée, elle fe confervera dans fa pureté, autant qu'il vous plaira, & fera parfaite pour les gerfures.

Autre pour les Levres.

Quatre onces de pommade de jafmin, une de cire blanche, quelques bâtons d'orcanet, fondus enfemble dans un vafe de terre, paffés par un linge, après avoir un peu bouilli, & mêlés doucement enfemble, jufqu'à ce que tout foit entierement fondu, produiront une pommade pour les levres fort bonne & fort gracieufe.

Pommade de Pieds de Moutons.

Vous réduirez en pâte deux douzaines de pieds de mouton, & deux pieds de veau, à force de les faire cuire. Le bouillon qui en fortira & que vous mettrez dans un baffin, produira, en refroidiffant, une graiffe par-deffus : vous la ferez chauffer y ajoutant de la cire vierge, du fperme de baleine, du fucre candi, de chacun la groffeur d'une noifette : lorfque tout fera fondu & mêlé, vous l'augmenterez d'une once d'huile de pavot ou d'amandes dou-

ces ; enfuite, vous choifirez un linge
extrêmement ferré pour le paffer,
& vous obferverez de laiffer tomber
la coulure dans de l'eau bien claire,
où vous la battrez avec la fpatule ;
jufqu'au moment qu'elle devienne
blanche, vous ne cefferez de la battre & de la changer d'eau ; & après
l'avoir très-bien fait égoutter, vous
y mêlerez du borax réduit en poudre très-fine, & qui auparavant de
l'être, ne devoit pas être plus gros
qu'une très-petite noix.

Pommade pour les Cheveux.

Vous couperez par morceaux une
quantité raifonnable de panne de
porc mâle, que vous ferez tremper
pendant huit à dix jours dans de
l'eau commune, que vous aurez la
précaution de changer trois fois par
jour : chaque fois que vous la changerez, vous la battrez avec une fpatule, pour qu'elle devienne blanche, & vous la mettrez dans un pot
de terre neuf, avec une chopine
d'eau de rofe, & un citron piqué de
cloux de girofle, lorfque vous l'au-

rez laiffé égoutter : enfuite, pour que l'écume foit un peu rouffe, après l'avoir écumée, retirée du feu & paffée par une étamine, vous la ferez refroidir en la battant toujours dans de l'eau fraîche, & pour la derniere fois dans celle de rofe : quand elle fera bien égouttée, vous la parfumerez de l'odeur de l'une des fleurs que j'ai nommées en commençant ce traité, de la façon fuivante.

Vous étendrez votre pommade dans des plats de terre extrêmement plats, de l'épaiffeur d'un pouce ; fur l'un, vous y femerez les fleurs que vous aurez choifies, & le couvrirez avec l'autre : vous renouvellerez les fleurs au bout de douze heures : vous continuerez à obferver cette méthode pendant onze à douze jours, & en relevant la pommade & l'étendant de nouveau pour y mettre des fleurs fraîches, l'odeur fera affez forte, & vous employerez la pommade de la façon qu'il vous plaira ; elle peut s'allier à tout, mais elle eft particulierement bonne pour les cheveux qu'elle conferve & épaiffit.

Vernis pour le Teint.

Douze onces de bonne eau-de-
vie de Sandarac, une de benjoin,
mifes dans une bouteille, bien remuées & bien repofées, cela produit, en pommade, une efpece de
vernis dont on peut fe laver le vifage, & l'on en verra un très-bon effet.

Blanc pour le Teint.

Mettez deux parties d'huile cam-
phrée fur une partie de talc de Venife, & jufqu'à ce que le tout foit
devenu blanc, laiffez-le digérer au
bain marie.

Pâte pour laver fes mains fans eau.

Laiffez fecher une demi-livre d'a-
mandes ameres pelées à l'eau chaude, prenez le mortier de marbre &
pilez-les fi bien qu'il n'y en refte aucune particule ; ajoutez-y du lait
bouilli, crainte qu'elle ne tourne
en huile : pilez de la même maniere

la mie de deux pains de chapitre,
avec quatre jaunes d'œufs durcis, en
y ajoutant du même lait pour bien
former la pâte ; après quoi, vous y
mêlerez votre pâte d'amandes & pilerez bien le tout ensemble, en y
ajoutant du même lait, afin de la
rendre liquide & parfaite.

Autre Pâte pour laver ses mains sans eau.

Vous humecterez dans du vin
blanc quatre onces d'amandes douces & deux d'ameres, que vous pilerez de la même façon que la mie
d'un pain de chapitre, avec trois
jaunes d'œufs, & humecterez du même vin : ensuite vous mettrez le tout
ensemble dans le mortier, & quand
vous y aurez ajouté un peu de storax en poudre, humectez la pâte
avec du vin blanc : elle devient douce, liquide & capable d'être employée.

Autre pour laver ses mains sans eau.

Prenez quatre onces d'amandes ameres, & quatre d'amandes douces pelées à l'eau chaude, pilées dans le mortier, arrosées d'un peu d'eau-de-vie, & mêlées avec deux jaunes d'œufs, de l'alun & du borax réduits en poudre : elles produiront une excellente pommade, lorsque toutes les drogues ci-dessus nommées, seront pilées & mêlées ensemble.

Autre Pâte qui dure deux ans sans se corrompre.

Après avoir essuyé une demi-livre d'amandes pelées à l'eau chaude, vous les jetterez dans le mortier avec quatre onces des quatre semences froides, & quatre de pignon doux, en ajoutant à tout cela un peu de lait, afin qu'il ne reste aucuns grumelots; ensuite, vous prendrez une cassolette de terre neuve, que vous poserez sur un feu de charbon,

& vous remuerez le tout avec une spatule, tournant toujours du même côté, vous y verserez peu-à-peu un demi-septier d'eau-de-vie, ou vous ferez délayer le tout dans une chopine
de lait à mesure qu'il cuira, & un
demi-septier de vinaigre blanc distil-
lé ; après l'avoir remué long-tems,
vous y ajouterez pour deux sols de
sperme de baleine, une once de borax réduit en poudre ; & quelque
tems après, vous y ajouterez encore
deux jaunes d'œufs frais du jour,
délayés avec un peu de lait, faisant
grand feu, & tournant toujours du
même côté, ensuite vous y mêlerez
gros comme une noix & demie de
pain blanc, pilé & délayé encore
dans un peu de lait ; sitôt que la pâte
ne pétillera plus, vous cesserez de la
faire cuire, de peur qu'elle ne se cor-
rompe : quand vous l'aurez mise sur
une assiette d'étain, & qu'elle se le-
vera sans s'y attacher, la cuisson sera
parfaite./

Opiat en Poudre.

Six onces de brique, deux de

fayance, une de corail, une demie de canelle, pilées ensemble dans le mortier, & passées par le tamis de crin jusqu'à la consommation entiere du tout, produiront un excellent opiat.

Autre Opiat.

Huit onces de brique, quatre de fayance, deux de corail, une demie de canelle, un petit morceau de croûte de pain brûlée, sept ou huit cloux de girofle, & une once de conserve de rose, pilés ensemble dans le mortier, & passés par le tamis de crin, formeront un opiat aussi bon que le précédent.

Autre.

Quatre onces de brique, autant de fayance, une once de corail, une demie de la pierre ponce & du cristal, avec un petit morceau de sang de dragon, & deux gros de canelle, le tout réduit en poudre en le pilant dans le mortier, & le passant ensuite par le tamis de crin, fera un nouvel opiat.

On peut facilement ne prendre que de la brique, un peu de canelle & de fayance, les bien piler & les paſſer en poudre : l'opiat ne ſera pas ſi parfait que les précédens, mais il ne laiſſera pas que d'être fort bon.

Opiat Liquide.

Pour faire de l'opiat liquide, il faut ſeulement mêler de l'autre en poudre avec du ſirop de girofle, & vous le rendrez enſuite liquide ou épais, autant que vous voudrez.

Si vous voulez qu'il ſoit encore plus odoriférant, vous y ajouterez un peu de l'eſſence d'ambre, de canelle ou de girofle.

Racine pour les Dents.

Faites bouillir de la racine de guimauve, de la longueur d'un doigt, & taillée au bout en forme de broſſe, avec demi-ſeptier de vin blanc, deux cuillerées de miel blanc : le tout ayant bouilli un certain tems, vous l'employerez, quand vous le jugerez à propos.

Eau

Eau pour fortifier les Dents.

Mettez dans une écuelle de terre huit grains d'alun de roche calciné, huit de sel commun, avec du jus de citron ; faites bouillir le tout un moment, passez-le dans un linge : après l'avoir retiré du feu, vous y tremperez la racine suivante, avec laquelle vous vous frotterez les dents, qui deviendront extrêmement blanches.

Autre pour les Dents.

Concassez & mettez infuser pendant vingt-quatre heures dans un poisson d'eau-de-vie, une demi-once de canelle, avec sept ou huit cloux de girofle ; ensuite, passez-la par un linge, & augmentez-la en y versant un demi-septier d'eau de rose & de plantin : cette eau sera excellente pour nettoyer les dents, en se servant d'une éponge pour les frotter.

F

Eponges préparées pour le Visage.

Laissez tremper quelque tems dans l'eau, les plus belles & les plus fines éponges que vous trouverez, lavez les bien, faites-les sécher & remettez-les tremper dans de l'eau-de-vie du matin au soir; ensuite, exprimez-les & refaites-les encore tremper dans de l'eau-de-vie, laissez-les sécher, & enfin pour la dernière fois, trempez-les encore dans de l'eau de fleur d'orange environ onze à douze heures; lorsqu'elles seront exprimées & seches, elles seront parfaites pour laver le visage.

Autres pour les Dents.

Vous vous servirez des mêmes éponges que les précédentes; après les avoir coupées par morceaux, vous les jetterez dans une chopine de vin blanc, que vous aurez fait bouillir avec deux cuillerées de miel blanc; ensuite, vous exprimerez vos éponges & les laisserez sécher : elles feront propres à nettoyer les dents, en les trempant, avant que de s'en fervir, dans du pin un peu tiéde.

Lait Virginal commun.

Concaffez deux onces de benjoin commun, une de ftorax, deux gros de canelle, une de cloux de girofle, & une noix mufcade; mettez le tout dans une bouteille de gros verre où vous aurez déjà verfé une pinte d'eau de-vie raffinée: ajoutez à toutes ces drogues, quelques bâtons d'orcanet qui fortifieront la couleur; après avoir lutté vivement la bouteille, expofez-la pendant un mois au foleil fur du fable ou du fumier, où vous aurez bien attention de lui faire éviter la plus légere pluie, & de la choifir, enfin, affez grande, pour qu'il y ait dedans du vuide de la valeur de deux doigts, de peur qu'elle ne fe rompe par la chaleur & la force de l'eau-de-vie.

Autre.

Mettez dans une bouteille de gros

verre une pinte d'esprit de vin, &
une chopine d'eau-de-vie, avec quatre du benjoin le plus parfait, deux
de storax, une demi-once de canelle,
deux gros cloux de girofle & deux
noix muscades : le tout concassé,
vous y ajouterez quelques petits
morceaux de vessie de musc, & huit
grains d'ambrette concassée ; après
avoir lutté la bouteille, & l'avoir
exposée au soleil, comme il a été dit
ci-dessus, vous aurez du lait virginal de l'odeur la plus agréable.

TRAITÉ

Des Poudres pour les Cheveux.

LEs rofes mufcades.
les rofes communes.
Les jacintes.
Les jonquilles.
Les fleurs d'orange.
Le jafmin :
Sont les fleurs qui communiquent
leur odeur aux poudres.

Maniere de compofer l'Effence d'Ambre dans les Poudres.

'Vous verferez une quantité raifonnable d'effence d'ambre dans le
petit mortier chaud, où vous aurez
déjà fait petiller la faline, dans laquelle vous aurez mis un peu de
poudre ; vous y mêlerez avec le pilon encore de la poudre, vous ren-

verferez cette compofition dans un
fas, la pafferez avec fes grumelots;
enfuite, vous la replierez en y ajoutant de la poudre, afin de la deffecher, & vous continuerez ainfi à la
paffer jufqu'à ce qu'il n'en refte plus.

Autre pour confommer le Mufc & la Civette dans les Poudres.

En pilant dans le mortier avec du
fucre, le mufc & la civette, ils fe
conferveront tous deux de la même
façon : en y ajoutant de la poudre
pour les deffecher, vous les réduirez encore plus facilement en poudre; enfuite vous les pafferez par un
fas : ce qui ne paffera pas, vous le
repilerez, & en y ajoutant encore
de la poudre, vous continuerez
ainfi jufqu'à la confommation du
tout.

Poudre de Jafmin.

Mêlez un millier de brins de jafmin d'Efpagne, avec vingt livres de
poudre, formez un lit épais de deux
doigts & de l'un & de l'autre, continuez de même jufqu'à la fin, en

obſervant de paſſer la poudre au bout de vingt-quatre heures, afin d'en retirer les fleurs & d'en remettre de fraîches ; après avoir fait cela pendant trois jours, elle ſera faite : de peur que le jaſmin ne s'échauffe, vous ne toucherez à la poudre, que quand les fleurs n'y ſeront plus.

Autre de Jaſmin.

Vous remettrez dans une pareille quantité de poudre, les fleurs que vous aurez retirées de la précédente dont je viens de parler, vous les laiſſerez repoſer huit jours ſans y toucher ; enſuite, vous la paſſerez pour en retirer les fleurs ; & lorſque vous voudrez vous en ſervir, vous y ajouterez une once ou deux de parfum ſur chaque livre, afin d'en fortifier l'odeur.

Autre de petit Jaſmin.

Vous ferez, comme ci-devant, un lit de poudre & de fleurs, à proportion de ce que vous en aurez, en les mêlant & en les changeant

F 4

au bout de vingt quatre heures, &
elle aura pris l'odeur, lorfque vous
aurez continué cette méthode pendant quatre ou cinq jours.

Poudre de Fleurs d'Orange.

Pour parfumer cinquante livres,
vous employerez deux livres de
fleurs d'orange, en faifant dans une
caiffe un lit de l'une & de l'autre, épais
d'environ deux doigts : vous continuerez ainfi, jufqu'à ce que vous
ayez tout employé avec une grande égalité : de peur que les fleurs ne
s'échauffent, vous aurez la précaution de remuer la poudre avec la
main, & au bout de vingt-quatre
heures, vous la pafferez dans un fas
de crin, afin d'en retirer les fleurs,
que vous remplacerez par de nouvelles, & votre poudre fera d'une
bonne odeur, lorfque vous aurez
continué cette méthode pendant
trois ou quatre jours. En augmen-
tant les dofes à proportion, vous
en ferez tant que vous voudrez, fans
qu'elle perde rien de fa qualité.

Autre Poudre de Fleurs d'Orange.

A mefure que vous retirerez les fleurs de la poudre précédente , vous les remettrez dans de la nouvelle , en faifant affez confufément un lit de l'une & de l'autre : vous les y laifferez pendant huit jours , en obfervant de les remuer une fois pendant chacune de ces journées ; enfuite , vous pafferez la poudre afin d'en retirer les fleurs : lorfqu'elle fera fortifiée d'environ deux onces de bon parfum, tel que vous jugerez à propos , elle fera prefque auffi bonne que la premiere.

Il faut remarquer qu'il n'y a que la fleur d'orange & de jafmin , dont on puiffe fe fervir plufieurs fois.

Poudre de Jonquille.

On peut employer également les jonquilles doubles & fimples : il faut prendre , ainfi qu'il a déjà été dit , de la poudre à proportion des fleurs, faire confufément un lit de l'u-

F 5

ne & de l'autre, & enfuite paffer la
poudre au bout de vingt-quatre heures : en ne touchant point à la poudre tandis que les fleurs y font, &
en obfervant de continuer la méthode dont je viens de parler, pendant quatre ou cinq jours, la poudre
fera fort agréable.

Poudre de Jacinte.

La poudre de jacinte fe fait de
même que celle de jonquille, il faut
ôter à l'une & à l'autre : les queues
des fleurs, les blanches & les bleues
font les plus odoriférantes.

Poudre de Rofes Mufcades.

Otez le bouton des feuilles, employez de la poudre à proportion de
vos fleurs, faites confufément un
lit de l'une & de l'autre, paffez la
poudre au bout de vingt-quatre heures, pour en retirer les fleurs & en
remettre de fraîches ; & après avoir
continué de même pendant quatre
ou cinq jours, elle fera faite.

Autre de Rofes communes.

Vous mêlerez une livre de feuilles de rofes braffées avec la main, le plus également qu'il vous fera poffible, avec vingt-cinq livres de poudre ; vous remuerez le tout deux fois le jour, & au bout de vingt-quatre heures, vous pafferez vos poudres pour en retirer les fleurs & en remettre de fraîches. La poudre fera parfaite en continuant de même pendant environ quatre jours, & obfervant que, lorfque les fleurs feront dans la caiffe, elle foit bien ouverte.

Poudre d'Ambrette.

Confommez une demi-once d'effence d'ambre, par la maniere qui a été expliquée au commencement de ce traité, dans une partie égale de poudre de rofe mufcade & de jaf-min, de la valeur d'environ cinq à fix livres chacune, vous aurez une poudre d'ambrette fort gracieufe, que vous renfermerez dans une boë-

F 6.

te bien fermée, de peur qu'elle ne s'évente.

Autre d'Ambrette.

Mêlez trente livres de poudre dans une de graine d'ambrette, & une once de cloux de girofle, concaffez les & laiffez le tout enfemble, juf-qu'à ce que la poudre puiffe avoir une odeur affez forte.

Poudre de Fleurs d'Orange feches.

Quand la faifon des fleurs eft paffée, & que l'on veut cependant fai-re de la poudre commune, l'on peut très-bien fe fervir des fleurs d'o-range que l'on aura tirées des pou-dres pendant l'été : il en faut concaf-fer deux livres dans le mortier, & les laiffer près de quinze jours fans y toucher; alors l'odeur fe fera com-muniquée affez vivement à la pou-dre, & vous ferez le maître de vous en fervir.

Poudre Blonde & Grife.

Mêlez avec de la poudre blanche un peu de braife de Boulanger extrê-mement fine, & de l'ocre jaune ex-tremement fin, vous ferez une pou-dre fort grife, & fi vous ne la vou-lez que blonde, vous ne mettrez point de braife, & vous exécuterez tout le refte.

Parfum pour toutes les Poudres précédentes.

Faites chauffer le petit mortier, afin d'y confommer dans dix ou dou-ze livres de poudre de fleurs d'oran-ge, une once d'effence d'ambre & un gros de civette ; quand tout fera bien mêlé, vous vous fervirez de ce parfum pour mettre dans les autres poudres, & il en fortifiera beau-coup les odeurs.

Parfum Mufqué.

Il faut bien mêler dans douze li-vres de poudre de fleurs d'orange, un demi-gros de civette, & un gros de musc, vous aurez un parfum capable d'augmenter l'odeur de toutes les poudres précédentes.

Parfum de Franchipanne.

Vous observerez la même méthode que la derniere, à l'exception que vous mêlerez dans votre poudre, avec les drogues ci-dessus, une once d'essence d'ambre : ce parfum surpassera dans son genre, tout ce que vous pourrez composer.

Poudre de Mousse ou de Cypre.

Prenez la mousse la plus blanche qui croisse sur les branches des vieux chênes, mettez tremper dans l'eau, pendant l'espace de deux ou trois jours, la quantité que vous en pourrez avoir, exprimez-la ensuite, & changez-la en la lavant, jusqu'à ce que l'eau demeure nette ; après quoi, faites-la secher au soleil sur une toile, lorsqu'elle s'enfle, vous la jettez dans le mortier avec un peu d'eau, où vous la pilez, & quand

elle l'est suffisamment, vous l'exposez au soleil : cela fait, vous la repi-
lez encore, la réduisez en poudre,
& la passez enfin au tamis, la plus
fine que vous pouvez.

Afin de la mettre en état d'être
parfumée des parfums les plus ex-
quis, ainsi qu'il est enseigné dans
l'article suivant, vous lui donnez
dans la saison, des fleurs de rose
muscade ou de jasmin, autant de
fois, comme aux poudres d'amydon.

Parfum de Montpellier, pour la Poudre précédente.

Six grains de civette, douze de
musc, un peu de poudre passée au
sas, consommés ensemble, & également dans une livre de poudre de
cypre, formeront une poudre dont
l'odeur se conservera long-tems, &
dont une petite quantité suffira pour
être bien parfumé.

Poudre de Franchipanne à la fleur d'orange ambrée.

Mêlez ensemble cinq livres de poudre de cypre & cinq d'amydon, parfumez cette poudre à la fleur d'orange, de la même maniere que l'on parfume l'amydon, & si vous la souhaitez à l'ambre, consommez-y une demi-once d'essence d'ambre, & une demie de civette; après quoi, elle sera d'une odeur parfaite.

Autre à la fleur d'orange musquée.

Consommez un demi-gros de civette, & un gros de musc, dans cinq livres de poudre de cypre, & dans cinq d'amydon parfumé à la fleur d'orange.

Autre au Jasmin.

Vous observerez, pour parfumer la poudre aux fleurs de jasmin, la même méthode qu'aux fleurs d'orange ; elle se parfume encore au musc & à la civette : mais alors , elle est fort inférieure aux autres.

Autre d'une véritable odeur de Franchipanne.

Vous prendrez dix livres de poudre de franchipanne parfumée à la fleur d'orange, dans laquelle vous consommerez un gros de musc, un demi de civette, & un demi d'essence d'ambre : cela fait, cette poudre sera d'une excellente qualité.

Poudre d'Iris.

L'iris étant une racine qui sent naturellement la violette, elle n'a besoin, ni d'odeur, ni d'apprêts, ainsi il n'y a qu'à la prendre de Florence, ou la choisir peu piquée & extrêmement blanche, la piler, la passer ensuite bien fine au tamis, & la mettre en été, car il est difficile de la mettre en une autre saison, parce qu'elle est trop humide, & qu'elle demande, au contraire, une grande secheresse.

Poudre de Polvil.

Pilez dans le mortier, deux onces de fouchet, une de calamus, une de cloux de girofle, & deux de canelle ; paffez-les enfuite dans le tamis, en y ajoutant deux livres de poudre de cypre, & deux de celle d'amydon : après quoi, augmentez le tout avec de la poudre de bois de chêne vermoulu, pour donner à cette poudre la couleur rougeâtre qu'elle doit avoir.

Poudre de Féves.

Cette poudre ne peut, de toutes les odeurs, que prendre celle de l'iris ; il faut fimplement pour la faire, moudre les féves & tirer le plus fin de la farine en la paffant par le tamis.

Poudre purgée à l'eau-de-vie.

Verfez un demi-feptier d'eau-de-vie, fur cinq ou fix livres d'amydon, vous laifferez fecher le tout après l'avoir

bien mêlé ; lorsqu'il fera extrêmement fec, vous le pilerez au mortier, & vous le paíferez par le tamis le plus fin qu'il vous fera poſ-
ſible.

Poudre pectorale de la corne de cerf, philoſophiquement pré-parée.

De la nacre de perle préparée, de
l'yvoire calciné jufqu'à blancheur,
deux gros & demi de ſucre candi
en poudre, un gros & demi de
beurre de cacao, un peu de racine
de guimauve & de régliſſe, de la
gomme arabique & adragant, un
demi-gros d'iris de Florence, huit
gros de cachou : toutes ces drogues pulvériſées & bien mêlées,
font une poudre très-fine & très-
parfaite.

Poudre pour conſerver les Che-veux.

Mêlez enſemble une once & demie de la racine de fouchet long,
du calamus aromatique, des roſes

rouges, une once de benjoin, six gros de bois d'aloës, une demi-once de corail rouge de Succin, quatre onces de farine de feves, huit onces de racine d'iris de Florence : ajoutez à tous ces ingrédiens, cinq grains de musc & de civette ; & lorsque le tout sera réduit en poudre, vous pourrez l'employer au besoin.

TRAITÉ

Des grosses Poudres de Violette.

LEs drogues que l'on doit employer pour la composition des
poudres de violette, sont les suivantes.

Le bois de rose.
Le bois d'aloës.
Le bois de calambour.
Le bois de Sainte Lucie.
Le bois de santal-citrin.
Le bois de cedre.
Le calamus.
Le souchet.
Le labdanum.
Le clou de girofle.
L'écorce de citron seche.
Le marc d'eau d'ange.
L'écorce d'orange seche.
Les vessies de musc.

La coriandre.

La canelle.

La graine d'ambrette.

La fleur d'orange seche.

L'iris.

Les roses de Provins.

Quoique les herbes aromatiques n'y soient presque point utiles, ceux qui en aiment l'odeur, peuvent aisément les employer.

Boutons de Roses préparés.

Frottez légérement de civette un clou de girofle, & mettez à la place du bouton vert que vous enleverez des boutons de roses que vous aurez la précaution de choisir bien fermés ; enveloppez-les entre deux papiers que vous exposerez au soleil, afin de les faire secher ; après quoi, vous les garderez pour les mettre dans les poudres de violette : la même chose se peut pratiquer à l'égard des boutons de roses de Provins, qui peuvent être très-bonnes sans y mettre de civette : un vaisseau de terre vernissé, exposé au soleil, couvert de papier, peut les

contenir, & en les arrofant très-
doucement dans le commencement avec de l'eau d'ange, de cordoue ou de mille fleurs, ils fe conferveront dans une excellente odeur.

Fleur d'Orange feche.

Expofez-la au foleil, après l'avoir
pofée entre deux papiers ; alors fi
vous avez le foin de ne la pas mettre
dans un lieu humide, elle ne. fera
pas plutôt feche, qu'elle fe confervera facilement dans des boëtes autant de tems qu'il vous plaira.

Groffe Poudre de Violette.

Concaffez en particulier les drogues fuivantes avant que de les mêler enfemble, qui font, huit onces
de fleurs d'orange feche, quatre d'é-
corce de citron feche, quatre de
bois de fantal-citrin, quatre de rofe
mufcade, quatre de benjoin, trois
de lavande, deux de bois de rofe,
deux de calamus, deux de fouchet,
deux de ftorax, une de marjolaine,
une demie de cloux de girofle , &

enfin deux livres d'iris de Florence, & une demie de rose de Provins : cela fait, si vous voulez en remplir des sachets, vous pilerez un gros de musc, un demi de civette, un peu de gomme adragant détrempée avec de l'eau d'ange ; & après avoir ajouté un peu d'eau de senteur à tout cela, avant de remplir vos sachets, vous employerez cette composition à en frotter le dedans.

Autre Poudre de Violette.

Vous concasserez l'une après l'autre, les drogues suivantes, une livre d'iris, une de fleur d'orange seche, huit onces de roses de Provins, huit de bois de santal-citrin, deux de bois de rose, deux de benjoin, une de storax, une de girofle, une d'écorce de citron seche, une de marjolaine, une demie de calamus, & une demie de canelle ; après quoi, vous les mêlerez ensemble : quand vous en voudrez remplir vos sachets, pour les rendre d'une odeur plus suave, vous ferez la composition

tion fuivante, dont vous frotterez l'envers de l'étoffe.

Le petit mortier bien échauffé, vous ferez diffoudre par fa chaleur, vingt grains d'ambre, aufquels vous en ajouterez dix de civette, avec un peu de gomme adragant, détrempée en eau de fenteur; il faudra enfuite, employer un peu d'eau de mille fleurs, pour augmenter cette com-pofition, de laquelle vous frotterez l'envers de vos étoffes, en obfer-vant la précaution d'en faire ufage, avant que de remplir vos fachets.

Autre.

Vous mêlerez une livre d'iris de Flo-rence, huit onces de fleurs d'orange feches, quatre de bois de fantal-citrin, deux de coriandre, deux de marc d'eau d'ange, deux de fouchet, une demie de calamus, & une demie de cloux de girofle; après avoir con-caffé toutes ces drogues l'une après l'autre, vous les employerez au be-foin.

G

Autre.

Vous mêlerez ensemble une livre d'iris de Florence, une de fleurs d'orange seches, huit onces de bois de rose, quatre de bois de calembourg, quatre de roses de Provins, quatre de bois de santal-citrin, deux de souchet, une de calamus, une demie de cloux de girofle, une demie de labdanum, une demie d'écorce de citron seche, une demie de celle d'orange, une demie de lavande, une demie de marjolaine, & deux gros de canelle, après les avoir concassés de la maniere précédente.

Autre.

Vous mêlerez une demie livre de fleurs d'orange seches, douze onces d'iris, quatre de roses de Provins, deux de bois de santal-citrin, deux de bois de calembourg, une de souchet, une de marc d'eau d'ange, une demie de cloux de girofle, une demie de calamus, une demie de labdanum, deux gros de canelle, & une

veſſie de muſc coupée bien menu ;
après les avoir concaſſés , comme il
a été dit ci-deſſus , quand vous en
voudrez remplir vos ſachets , il faudra prendre un peu de civette , pour
en frotter l'envers de l'étoffe.

Autre.

Vous concaſſerez toujours en particulier , une livre d'iris de Florence,
douze onces de fleurs d'orange ſeches, huit onces de roſes de Provins,
quatre de marc d'eau d'ange , quatre
de grains d'ambrette, deux de coriandre , une de ſouchet , une de
cloux de girofle, une demie de canelle , avec une veſſie de muſc coupée
bien menu; après quoi, vous mêlerez
toutes ces drogues enſemble , en y
ajoutant deux onces de poudre de
chypre de bonne odeur, & lorſqu'il
vous plaira d'en remplir vos ouvrages , il ſera néceſſaire de frotter l'envers des étoffes avec un peu de civette.

En obſervant , comme j'ai déjà
dit , de ne point mettre ces poudres
dans des lieux humides , elles ſe gar-

deront dans toute leur pureté, lorfqu'elles feront renfermées dans des
boëtes pour s'en fervir, quand on
le jugera à propos : l'art de ces com-
pofitions eft de rendre difficile à connoître l'odeur qui domine : l'on
peut facilement y mélanger des boutons de rofes feches & du pot-pourri, ainfi que je vais le faire voir dans
la recette fuivante.

Pot-pourri.

Une livre de fleurs d'orange nouvellement cueillies, une demie de
rofes communes, une demie de lavande, dont il ne faut que la graine, huit onces de rofes mufcades,
quatre de marjolaine, de laquelle il
ne faut que la feuille, quatre de
feuilles d'œillets, trois de thyn,
deux de feuilles de myrthe, deux de
mélilot effeuillé, une de feuilles de
romarin, une de cloux de girofle
concaffés, & une demie de feuilles
de laurier.

Toutes ces drogues mifes dans un
pot bouché avec du parchemin,
expofées au foleil pendant la cha-

leur de l'été, remuées avec un bâton, de deux jours l'un, pendant un
mois, & toujours à l'abri de la
pluie, produiront une excellente
composition à la fin de l'été, dont
vous pourrez faire des sachets, en y
ajoutant, pour la perfectionner, de
la poudre de chypre parfumée, mêlée avec de la grosse poudre de violette.

Sachets d'Angleterre.

La toile corrompant l'odeur, il
faut absolument que les sachets
soient travaillés en soye, ayant un
demi-tiers ou environ en quarré ;
après les avoir cousus tout autour,
vous y laisserez une ouverture suffisante pour pouvoir y faire entrer
aux environs de quatorze onces de
grosse poudre de violette : quand
l'odeur sera diminuée par le tems
qu'ils auront servi, vous retirerez
la poudre & la pilerez dans le mortier : cela donnera tellement une
nouvelle vigueur & une nouvelle
force au parfum, que le sachet sera
aussi odoriférant que s'il n'avoit
jamais servi.

G 3

Autres.

Ceux-ci veulent être de la même grandeur & de la même étoffe que les précédens : il faut seulement observer de les faire en forme de matelas ; vous jetterez de la grosse poudre de violette sur la moitié du sachet, qui portera sur un petit lit de coton de la hauteur de deux doigts ou environ, qui sera parfumé de la même poudre, afin que les deux côtés du sachet soient égaux en odeur : cela fait, vous le recouvrirez de son étoffe, & coudrez à l'ordinaire ; après quoi, vous le piquerez en forme de matelas, & y attacherez des bouquets aux quatre coins, de la fleur qu'il vous plaira. Ces especes de sachets peuvent servir sur les deshabillés des Dames, parce qu'il est facile d'en attacher deux ensemble avec des rubans ; ce qui peut produire un effet fort agréable.

Couſſinets pour porter ſur ſoi.

Les couſſinets ne doivent point excéder la grandeur de quatre doigts, & ſont ordinairement plus longs que larges : avant que de les remplir de groſſes poudres de violette, & les orner de bouquets, il faut en frotter légérement le dedans de civette, ce qui les rends fort gracieux à l'odorat.

Autres.

Après avoir broyé douze grains d'ambre diſſous dans le mortier avec ſix de muſc, que vous ne mêlerez que lorſque les dix premiers ſeront fondus, vous en mettrez quatre de civette, & vous augmenterez le tout d'un petit filet de baume du Perou, & d'un peu d'eau de mille fleurs : cela fait, la compoſition ſera parfaite, vous en frotterez le dedans de ces nouveaux ſachets, qui ſont ordinairement faits d'étoffe d'or ou d'argent, ſur leſquels, avant que d'employer la compoſition précédente, qui n'eſt que pour le dedans de l'étoffe, on employe de la poudre de violette, de celle de chypre, & un très-petit morceau de vessie de musc.

Autres.

Il faut faire ceux-ci d'une étoffe un peu épaisse : vous en frotterez le dedans avec un peu de civette, lorsque vous les aurez remplis de poudre de violette, d'une vessie de musc bien pilée, & d'un peu de poudre de cypre ; après quoi, vous les finirez à l'ordinaire.

Toilette à la mode d'Angleterre.

L'espece de toilette dont je vais parler est communément de tabis, & toujours doublée de taffetas : vous étendez la doublure sur le métier, que vous couvrez d'un lit de coton parfumé, aussi mince qu'égal : sur quoi vous femez de la grosse poudre de violette ; après quoi, vous couvrez le tout, & bordez l'ouvrage d'une dentelle, & le piquez en lofange ou en écaille : il est nécessaire de frotter l'envers du tabis d'un peu de civette, auparavant que de le poſer : ſi vous ſouhaitez que cette toilette ſoit d'une odeur plus vive & plus forte, ajoutez à cela, une veſſie de muſc bien pilée. Quoique ces drogues faſſent un grand effet, elles ne ſuffiſent pas encore, pour que la toilette ſoit dans ſa derniere perfection.

Il faut frotter légérement l'envers du tabis, avec deux grains d'ambre diſſous dans le mortier chaud, auſquels vous en ajouterez quatre de civette, avec un peu d'eau de gomme & de ſenteur, lorſque toutes ces drogues ſont fondues : ou bien vous imbibez du coton dans cette compoſition, que vous placez dans preſque tous les coins de la toilette. Si vous procédez de cette derniere façon, il eſt inutile d'employer de la civette pour frotter l'envers du tabis.

Autre à la mode de Montpellier.

On doit employer pour celle-ci, une toile neuve & peu ſerrée, que l'on coupe à la grandeur dont

on juge à propos de faire la toilette.
Il faut commencer à purger cette
toile en la lavant plusieurs fois dans
de l'eau commune, l'étendre ensuite
pour la faire sécher, & après cela,
la faire tremper vingt-quatre heures
dans de l'eau de senteur, moitié
d'ange & moitié de roses ; quand
vous l'aurez retirée, exprimez - en
légérement les eaux, mettez-la en
pompe du jour au lendemain, &
ensuite vous l'exposerez à l'air où
elle sechera ; après quoi, vous la
chargerez de la composition suivante.

Une demi-livre de fleurs d'orange
seche, une demie de racine de campana, une demie d'iris de Florence,
quatre onces de bois de santal-citrin,
deux de marc d'eau d'ange, une de
bois de rose, une de souchet, une
demie de labdanum, une demie de
cloux de girofle, une demie de calamus, & deux gros de canelle : toutes ces drogues mises en poudre,
vous les mettrez dans le mortier
avec de la gomme adragant, détrempée avec de l'eau d'ange : vous en
faites un pâté, dont vous frottez

vivement les deux côtés de votre toile, fur laquelle vous en laiffez les morceaux qui s'y attachent, parce qu'ils la rendent encore plus unie ; enfuite, vous la faites fecher, & lorfqu'elle l'eft à moitié, vous frottez encore des deux côtés, pour l'unir davantage, avec une éponge imbibée d'eau d'ange ou de mille fleurs ; après quoi, vous la faites fecher pour la derniere fois, & obfervez la façon précédente pour la plier.

Le deffous de cette forte de toilette, eft communément de taffetas, & le deffus, de tabis ou de fatin, & ne doit être renfermée, qu'entre deux morceaux d'étoffe de foye.

Autre, meilleure que la précédente.

Votre toile ayant été purgée & lavée dans de l'eau de fenteur, ainfi qu'il a été dit, procédez de la maniere fuivante.

Une livre de fleur d'orange feche, une d'iris de Florence, une de-

mie de racine de campana, douze
onces de marc d'eau d'ange, deux
d'écorce de citron seche, deux de
souchet, une de cloux de girofle,
une d'écorce d'orange seche, une
de calamus, une de labdanum, &
une d'eau de canelle : toutes ces drogues mêlées ensemble, après avoir
été réduites en poudre, l'une après
l'autre, mises dans le mortier avec
une quantité suffisante de gomme
adragant, détrempée avec une partie
égale d'eau d'ange & de rose, forment en les pilant ensemble, une
pâte parfaite, dont vous chargez
les deux côtés de votre toile, que
vous laissez secher, & sur laquelle
vous rappliquez la composition suivante.

Broyez un gros de musc & un
demi-gros de civette, dans le mortier : délayez-les dans de l'eau de
senteur, avec une cuillerée de la pâte susdite, augmentée peu-à-peu
avec de l'eau de mille fleurs ou
d'ange ; ensuite, prenez une éponge
avec laquelle vous frotterez votre
toile de cette composition, en la
rendant la plus unie qu'il vous est

possible : ceci exécuté, mettez-la enfin sécher pour la derniere fois.

Tandis qu'elle est humide, lorsque vous l'avez mise dans les plis qu'elle doit avoir, elle est enfin portée à toute la perfection dont elle est susceptible.

Poches de senteur.

Les poches de senteur sont faites avec la même étoffe que les toilettes à la mode d'Angleterre, & la composition est la même, lorsque la poche est piquée en losange.

Deshabillé.

Prenez un carton plié en deux : que l'étoffe piquée, dont je viens de parler ci-dessus, soit collée en dedans, & qu'une peau de senteur le soit en dehors : quand le tout sera orné des rubans & des agrémens que la mode demande, vous aurez un porte-feuille fort agréable pour mettre des deshabillés, qui y étant renfermés la nuit, répandront le lendemain l'odeur la plus gracieuse.

De la façon de parfumer toutes fortes de Boëtes.

La même étoffe, la même pi-quûre, la même compofition, par-fument toutes fortes de boëtes; mais il faut principalement obfer-ver, qu'il y ait beaucoup de râpures de bois de fantal-citrin, & que la colle forte dont vous vous fervez, ne foit point trop épaiffe : la for-me & les agrémens varient à pro-portion de la volonté & de la mode.

Corbeille de fenteur.

Vous mettrez un lit de coton par-fumé, extrêmement mince & uni, fur un morceau de taffetas étendu fur le métier, vous femerez fur ce lit de la poudre violette très-fine, par-deffus laquelle vous jetterez de celle de cypre; enfuite, vous cou-vrirez le tout d'un autre taffetas :

il ne vous reſtera plus, pour finir,
que de piquer votre ouvrage, &
de le couper à la grandeur de votre
corbeille, dont vous borderez les
coupures d'un ruban de telle couleur qu'il vous plaira.

TRAITÉ

Des Eaux de Senteurs.

Eau de Mélilot.

VOus prendrez une certaine quantité de mélilot, dont vous nettoyerez bien proprement les branches, & que vous ferez infuser dans l'eau pendant quelques heures ; ensuite, vous le distillerez dans l'alambic, & l'eau que vous en recevrez sera fort gracieuse, & sa plus grande propriété sera de laver les peaux & d'ôter leur impureté.

Eau de Myrthe.

Le myrthe est un arbre aromatique, qui possede une sorte d'odeur dont il faut infuser les feuilles & les fleurs dans de l'eau, pendant quelques heures, & que vous mettrez après diftiller à l'alambic au réfrigeratoire.

Eau de Lavande.

Vous nettoyerez la lavande de fes branches : quand vous en aurez pris une quantité raifonnable, vous la mettrez infufer dans de l'eau, & la ferez diftiller, ainfi que précédemment ; elle excelle particulierement à parfumer les favonnettes.

Eau de Thyn.

La façon dont il faut procéder pour cette eau, eft la même que celle dont il fe faut fervir pour les eaux dont je viens de parler.

Eau de Girofle.

Vous mettrez dans l'alambic, au réfrigeratoire, pendant environ quatre heures, quatre onces de cloux de girofle, dans quatre pintes d'eau tiéde ; vous obferverez, ensuite, de fournir de l'eau fraîche au réfrigeratoire, en l'exposant sur le fourneau : l'eau qui en sortira, sera d'une odeur si suave, qu'elle tiendra plutôt de l'œillet que du girofle.

Eau de Jasmin.

Vous mettrez infuser à discrétion, des fleurs de jasmin dans de l'eau tiéde : lorsqu'elles seront bien amorties, vous les retirerez avec une écumoire extrêmement propre, vous y remettrez une nouvelle eau froide, & les fleurs étant retirées, l'eau en sera l'odeur.

Eau de la Reine d'Hongrie.

La fleur de romarin forme l'eau de la Reine d'Hongrie ; il faut la faire infuser une heure dans de bon esprit de vin, ensuite, la mettre dans l'alambic, & la faire distiller au réfrigeratoire ; vous y ajouterez les pointes de romarin, si les fleurs ne sont point en assez grande quantité.

Autre.

Vous mettrez de la fleur & de la feuille de romarin, avec un peu de thyn, de lavande & de sauge; vous mettrez le tout dans une bouteille de gros verre, remplie d'une pinte d'esprit de vin; afin de donner couleur, vous y ajouterez quelques bâtons d'orcanet, vous agiterez & remuerez vivement la bouteille : l'eau prendra une teinte pourpre, aura beaucoup plus de vertu que la précédente, lorsque, pour la perfectionner, vous l'aurez exposée au soleil pendant un mois au moins sur le sable.

Eau d'ange bouillie.

Vous concasserez douze onces de benjoin, six de storax, une demie de cloux de girofle, deux gros de canelle, une pincée de coriandre, deux bâtons de calamus sans être pilés; vous mettrez toutes ces drogues auprès du feu, dans un coquemart bien couvert : vous ferez bouillir cette composition, jusqu'à la consommation du quart; ensuite, vous les retirerez & les laisserez reposer & refroidir dans un bassin, où vous verserez l'eau par inclination.

Autre.

Huit onces de benjoin, quatre de storax, une demie de cloux de girofle, la moitié d'une vessie de musc, deux gros de canelle, & un bâton de calamus, sans être pilés, concassés & mis dans un coquemart où vous aurez versé une pinte d'eau de rose & une de fleur d'orange, produiront une eau fort agréable, lorsque vous aurez fait bouillir le tout, jusqu'à la diminution d'un quart, & que vous l'aurez laisser reposer, pour ne la retirer que par inclination.

Eau de Rose.

L'on procédera pour de l'eau de rose, ainsi que pour l'eau de fleur d'orange.

Eau de fleurs d'orange, tirées à sec.

Mettez un peu de fable, de peur que les fleurs ne s'attachent au fond d'un alambic couvert de fa chapelle, & que vous rempliffez de fleurs, fans y mettre d'eau : entourez enfuite la chapelle d'un linge imbibé d'eau fraîche ; après l'avoir expofé fur le fourneau, la diftillation fera provoquée par cette fraîcheur : conféquemment, obfervez de rafraîchir fouvent le linge ; il faut diftiller le tout, jufqu'à ce qu'il n'en forte plus rien, & pour retirer l'eau jufqu'à la derniere goutte, il faut pofer le récipient quand le flegme fera forti ; l'eau tirée jufqu'à une quantité raifonnable, vous la mettrez dans une bouteille bien bouchée, & pendant quelques jours expofée au foleil : alors fon odeur fera fupérieure,

Eau de Canelle.

La méthode que j'ai donnée précédemment pour l'eau de girofle, doit être employée telle que je l'ai enseignée pour l'eau de canelle.

Toutes les herbes aromatiques, se peuvent encore diſtiller au bain, ainſi que je le vais prouver dans la compoſition ſuivante,

Eau d'ange, diſtillée au bain-marie.

L'alambic que l'on doit employer pour diſtiller de cette maniere, ne peut être que de verre, & doit être compoſé d'un martras, d'une chapelle & d'un récipient ; vous verſerez une pinte d'eau dans le martras où vous aurez mis deux onces de benjoin, une de ſtorax, un gros de canelle, deux de girofle, auſquelles vous ajouterez un petit bâton de calamus, & une pinçée de coriandre, ſans être pilés : lorſque les premieres drogues ſeront concaſſées enſemble, vous le couvrirez de ſa chapelle, le poſerez dans un chaudron rempli d'eau commune, ſur le fourneau que vous allumerez ; ſitôt que votre alambic commencera à travailler, vous y poſerez le récipient,

& laiſſerez auparavant ſortir le flegme, afin de mieux attirer la vapeur ; un gros linge trempé dans de l'eau fraîche, doit entourer la chapelle, & l'eau que vous recevrez, ſera d'une odeur fort agréable, & differera de celle qui eſt bouillie, par ſa clarté & ſa douceur.

Eau de Cordoue.

Vous mêlerez autant d'eau de roſe que d'eau d'ange bouillies, & en les alliant enſemble, vous formerez celle de Cordoue.

Eau de fleurs d'orange au réfrigeratoire.

Vous remplirez d'une pinte d'eau tiéde, un coquemart bien couvert, où vous mettrez infuſer pendant deux heures, une livre de fleurs d'orange nouvellement cueillies ; après les avoir miſes dans l'alambic & expoſées ſur le fourneau, en obſervant de mettre de l'eau fraîche dans le réfrigeratoire, vous laiſſerez ſortir le flegme & y poſerez le récipient ; comme c'eſt la fraîcheur de l'eau que vous verſez dans le réfri- geratoire, qui attire la vapeur, il eſt néceſſaire de la renouveller, juſ- qu'à ce que vous en ayez retiré la valeur d'une chopine ; car c'eſt dans le commencement que l'odeur de la fleur ſort avec plus de force & d'activité : lorſque vous ſouhaiterez la faire double, vous vous ſervirez de cette eau, pour y faire infuſer d'autres fleurs, & après les avoir diſ- tillées enſemble, l'eau de fleur d'o- range qui en ſortira, ſera meilleure & plus vive : ſa qualité ne pourra différer qu'à proportion de l'eau de fleurs que l'on y mêlera.

Autre.

Faites infuſer & diſtiller avec la même méthode, des fleurs d'oran- ge de Provence, ou de celles que vous aurez fait ſecher pendant l'été : vous aurez une eau, qui, quoiqu'in- férieure à la précédente, a d'excel- lentes propriétés pour parfumer les eſpeces que l'on veut employer.

Eau

Eau de mille Fleurs.

Mêlez environ vingt grains de mufc dans une pinte d'eau d'ange, l'eau fera d'une bonne odeur, & fi vous ne la trouvez pas encore affez forte, verfez-y un filet d'effence d'ambre.

Eau de Beauté.

Prenez de l'eau d'argentine & de joubarbe, en égales parties, & ajoutez fur chaque demi-livre, deux gros de fel armoniac.

Eau de Fraîcheur.

Faites diftiller au bain-marie trois concombres, trois melons d'une moyenne groffeur, trois pieds de veau bien hachés, quatre œufs frais, une tranche de citrouille, une pinte d'eau de nenuphar, un demi-feptier d'eau de rofe, une chopine de petit lait, deux citrons, une chopine d'eau de plantin, d'argentine, & une demi-once de borax.

H

Eau d'Impériale.

Faites fondre une once d'encens de maftifc, de benjoin, de gomme Arabique, dans cinq livres de bonne eau ; ajoutez-y demi - once de girofle & de mufcade, une once & demie d'amandes douces & de pignon, trois grains de mufc : après que tout eft bien pilé, faites-le diftiller au bain marie, & l'employez quand vous le jugerez à propos.

Eau des Charmes.

Vous vous laverez le vifage des larmes qui tombent de la vigne, pendant les mois de Mai & de Juin.

Eau de fontaine de Jouvence.

Prenez une livre d'eau-rofe, deux onces de liban & de myrrhe, une once de fouffre vif, & fix gros d'ambre : le tout fera diftillé au bain marie, & avant que de vous coucher, vous vous laverez avec cette eau ; employez le lendemain matin la seconde eau d'orge, lavez-en votre visage : il paroîtra plus vif & plus vrai.

Eau de Venise.

Mettez dans une bouteille deux pintes de lait de vache noire, pris au mois de Mai, avec quatre oranges & huit citrons coupés par tranches ; ajoutez une once de sucre candi, & une demi-once de borax ; faites distiller le tout au bain marie & au feu de sable.

Eau Cosmetique.

Mêlez ensemble une livre & demie de pain blanc, douze blancs d'œufs frais, quatre onces des quatre semences froides, & autant d'amandes de pêches, quatre pintes de lait de chevre, trois onces de sucre candi, le suc de quatre limons ; distillez le tout au bain marie, & sur quatre livres de cette liqueur, vous ajouterez huit onces d'esprit de cerises distillées.

Eau simple qui ôte les rides.

Mettez quelques gouttes de baume de la Mecque dans la seconde eau d'orge, passez à travers un linge fin, afin que le baume soit parfaitement incorporé avec l'eau, remuez bien la bouteille pendant dix à douze heures, sans discontinuer, jusqu'à ce que l'eau soit un peu troublée & un peu blanche : l'effet de cette eau est admirable pour embellir le visage, & le maintenir dans sa fraîcheur : on se lavera préalablement la peau avec de l'eau de pluie.

Eau Rafraîchissante.

Faites distiller quelques jaunes d'œufs, avec un grain & demi d'ambre gris, dans du vinaigre où vous aurez fait infuser du son de froment pendant trois ou quatre heures.

Il est à propos, après la distillation, de bien boucher le vase, & de l'exposer au soleil pendant une semaine.

Eau de Pigeons.

Prenez une once d'eau de nenuphar, autant de feves de melon, de jus de limon, de concombre serpentine, une poignée, tant de brioine que de bourache, de fleurs de lys, de chicorée sauvage & de feves : ensuite, hachez bien menu sept ou huit pigeons blancs, & mettez-les dans un alambic avec les drogues précédentes, après avoir ôté aux pigeons, les plumes, la tête & le bout des aîles.

Cela fait, ajoutez à ce mélange, une dragme de borax, autant de canfre, la mie de trois pains blancs d'une demi-livre, encore chauds, quatre onces de sucre royal bien pilé, & une chopine de vin blanc : tous ces ingrédiens digérés dans l'alambic pendant l'espace de sept à huit jours, vous distillerez le tout, & vous vous en servirez quand il vous plaira.

Eau Balsamique.

Jettez dans six pintes d'eau-de-vie, trois onces d'huile de laurier, autant de galbanum, de therebentine de Venife, de gomme de lierre, de gomme Arabique, d'aloës hepatique, de bois d'aloës, de myrrhe, d'encens, de girofle, de galenga, de petite confoude, de gingembre, de zedoaire, de dictamne blanc, de canelle & de noix mufcades, quatre onces de borax, un gros de mufc, & un peu d'ambre gris; diftillez le tout, après avoir pilé ce qui peut être réduit en poudre.

TRAITÉ

Des Paſtilles à brûler.

Gomme pour faire la Pâte de Paſtilles.

VOus placerez dans une terrine, une quantité raiſonnable de gomme adragant, & ſelon la bonté dont vous voulez faire vos paſtilles, vous y verſerez de l'eau commune ou de l'eau de ſenteur : il faut que l'eau ſurpaſſe abſolument la gomme, qui la boira ; enſuite, vous la verſerez doucement juſqu'à ce qu'elle ſoit bien amollie, & qu'elle ne boive plus d'eau ; alors elle ſera d'une grande qualité.

H 4

Paſtilles Communes.

Vous paſſerez par le tamis de crin, du benjoin, quelques cloux de girofle, & de la braiſe bien pilée; vous mettrez cette poudre dans le mortier, avec de la gomme adragant qui aura été détrempée dans de l'eau commune : le tout étant bien pilé enſemble, afin d'en former de la pâte, vous en prendrez un morceau que vous applatirez ſur le marbre avec un rouleau, afin qu'elle ne tienne pas, vous paſſerez un couteau par-deſſus, enſuite, vous taillerez vos paſtilles & les laiſſerez ſecher.

Un cornet de fer blanc, long comme le doigt, forme le moule des paſtilles; il faut appuyer vivement le cornet en tournant, & quand la paſtille demeure dedans, pour la faire ſortir du moule, il faut ſouffler par l'autre bout.

Paſtilles de Roſes.

Vous pilerez une livre de marc

d'eau d'ange en poudre, une bonne poignée de feuilles de roses, & de la gomme adragant qui aura été détrempée avec de l'eau de rose ; lorsque la pâte sera formée, vous l'applatirez sur le marbre avec un rouleau, vous taillerez vos pastilles en tablettes avec un couteau, & si vous voulez les embellir, appliquez-y des feuilles d'argent.

Si vous les voulez mettre en oiselets, vous prendrez de petits morceaux de cette pâte, auxquels vous donnerez la figure qu'il vous plaira : ces sortes de pastilles étant allumées, produisent une fumée de bonne odeur & brûlent comme des chandelles.

Pastilles à la mode d'Angleterre.

Une demi-livre de benjoin, deux onces de storax, quelques cloux de girofle, un peu de canelle, & une poignée de roses de Provins pilées & passées par le tamis de crin, mises ensuite par le mortier, avec de la gomme détrempée avec de l'eau de fleurs d'orange, formeront une

H 5

pâte dont vous ferez vos paftilles.

Paftilles à la mode de Portugal.

Une livre de marc d'eau d'ange en poudre, mife dans le mortier avec une once de ftorax liquide, & de la gomme adragant, détrempée avec de l'eau de Cordoue, dans laquelle vous aurez verfé un bon filet d'effence d'ambre : toutes ces drogues bien pilécs, vous en formerez des paftilles.

Paftilles à la mode d'Efpagne.

Vous prendrez du marc d'eau d'ange mis en poudre, & ferez une pâte avec de la gomme détrempée avec de l'eau de mille fleurs ; enfuite, pour augmenter l'odeur, vous diffoudrez dans le mortier chaud, de l'ambre à difcretion, & vous délayerez le tout avec un peu de fleur d'orange que vous verferez dans votre pâte, & que vous mêlerez bien avec, & enfuite, vous ferez vos paftilles, comme vous le jugerez à propos.

Toutes ces paſtilles ſont bonnes à brûler dans les chambres ſur la cendre chaude ou ſur la pelle, ou dans des caſſolettes ou écuelles d'argent expoſées ſur un réchaud de feu.

Pour parfumer une Chambre.

On peut encore prendre une orange, la piquer de cloux de girofle, la mettre dans quelque coin de la chambre, & faire une roue de feu de charbon tout autour, il s'exhalera une odeur fort agréable, lorſqu'elle ſera chauffée : ſi vous ſouhaitez qu'elle ſoit encore meilleure, vous y ajouterez un filet d'eſſence d'ambre.

H 6

TRAITÉ

Des Liqueurs & Parfums à la Bouche.

Ratafia Rouge.

VOus écraferez dans un baffin avec une cuillier, trois livres de griottes, deux livres de grofeilles extrêmement mûres, & une livre de framboifes ; enfuite, vous mettrez le tout dans un pot de terre verniffé, en y ajoutant deux gros de girofle, une demi-once de canelle, deux de coriandre, le tout concaffé ; deux pintes de fenouil de Florence, deux grains de poivre-long, une douzaine d'amandes d'abricots, autant d'amandes de noyaux de cerife pilés, & une chopine de fyrop de fucre : près avoir bien bouché le pot, vous l'expoferez au moins pendant quinze jours au foleil. Cela fait, vous paſſerez le tout par un linge, l'exprimerez bien pour en faire ſortir le jus, & vous verſerez une pinte d'eau-de-vie raffinée, dans deux pintes de cette liqueur ; après quoi, vous remettrez votre pot au foleil pendant quinze autres jours, & l'ayant ôté, vous y jetterez quelques amandes pilées, paſſerez la liqueur par la chauſſe, pour la bien clarifier, & obſervant ce procédé de point en point, l'on aura un ratafia rouge parfait.

Ratafia Blanc.

Dans une chopine de fyrop de ſucre, vous mettrez une pinte de jus d'excellens raiſins muſcats, vous ferez bouillir le tout trois ou quatre bouillons, en ajoutant enſuite à cette liqueur, une quantité raiſonnable d'eau-de-vie, deux gros de canelle, un de girofle, une pincée de coriandre, deux pincées de fenouil de Florence, & deux grains de poivre-long, avec dix ou douze amandes d'abricots pilées ; vous mettrez

cette liqueur dans un grand pot bien
bouché, que vous exposerez ensuite
au soleil, & que vous passerez à la
chausse, pour le finir & le clarifier.

Ratafia de Cassis.

Jettez dans une cruche, dix livres
de cassis bien mûr & bien écrasé,
ajoutez neuf pintes d'eau-de-vie, &
six onces de sucre rapé pour chaque
pinte ; pendant l'espace de deux
mois, exposez votre infusion au
soleil, passez-la ensuite par la chausse, & vous aurez un ratafia velouté,
moëlleux & d'une belle couleur.

Ratafia de Coings.

Prenez des coings d'un jaune écla-
tant, essuyez leur duvet avec un linge blanc, jettez-en les cœurs & les
pepins : quand vous en aurez préparé de cette maniere une certaine
quantité, faites-les fermenter pendant vingt-quatre heures en les por-
tant à la cave, alors il sera tems de
les presser par un linge & d'en tirer
le suc ; faites ensuite fondre trois

livres de fucre en poudre dans fix
pintes de ce jus : ajoutez à cela quatre pintes d'eau-de-vie, deux d'efprit de vin, douze cloux de girofle,
une once de macis, & une once de
canelle : ce mélange achevé, bouchez bien les cruches, & mettez-les
en infufion dans un lieu fec & tem-
peré, laiffez le tout repofer l'hyver,
expofez-le l'été fuivant au foleil, &
après l'avoir paffé par la chauffe, il
fera d'une belle couleur & d'un excellent goût.

Ratafia d'Angélique.

Lorfque l'angélique eft dans fa
premiere force, prenez-en des côtes, rejettez les feuilles, coupez les
côtes par quartier, écrafez-les confufément dans un mortier de marbre, empliffez-en une cruche jufqu'à
la moitié, verfez fur cela de l'eau-
de-vie, tant que la cruche en pourra
contenir, bouchez-la avec une grande précaution, & placez-la enfuite
au foleil pendant un mois, alors
verfez votre infufion dans une nouvelle cruche, ajoutez enfuite fix on-

ces de sucre rapé, par pinte de liqueur, un peu de macis & de canelle; remettez-la encore au soleil pendant un mois; après quoi, filtrez-la par la chausse.

Il faut observer le même procédé pour le celleri, & toutes les plantes à peu près de même espèce.

Ratafia d'Anis.

Mettez en infusion pendant un mois, dans neuf pintes d'eau-de-vie, une demi-livre d'anis verd, une demi-once de canelle, un gros de macis, & un quarteron de coriandre, & bouchez ensuite vos cruches, lorsque votre liqueur sera sucrée, & que pour chaque pinte d'eau-de-vie, vous aurez mis six à sept onces de sucre; après quoi, vous pourrez passer votre ratifia par la chausse, lorsque le mois prescrit pour l'infusion sera finie.

Ratafia de Noix Vertes.

Ecrasez dans un mortier de marbre, une centaine de noix, ni trop

vertes, ni trop mûres, avec leurs
écorces; mettez-les enfuite dans une
cruche avec huit pintes d'eau-de-vie,
bouchez exactement votre cruche,
& placez-la en infufion pendant l'efpace d'un mois : ce tems expiré,
paffez cette liqueur dans un tamis
fin, fans preffer le marc, remettez-
la enfuite dans la cruche à infufion ;
ajoutez trois quarterons de fucre en
poudre pour chaque pinte d'eau-de-
vie, une once & demie de canelle,
un gros de macis, & quinze cloux
de girofle, paffez enfuite votre ratafia par la chauffe, lorfque vous aurez
recommencé l'infufion pendant
trois femaines.

La couleur de ce ratafia n'eft point
éclatante, mais fes propriétés font
merveilleufes, fur-tout pour exciter
la fueur & guérir les indigeftions.

Ratafia de Genievre.

Faites infufer dans neuf pintes
d'eau-de-vie, une demi-livre de genievre bien choifi & bien concaffé;
ajoutez deux onces de canelle, deux
gros de macis, un de coriandre, dou-

ze cloux de girofle, & une demi-
livre de fucre par pinte d'eau-de-vie,
fondus fur le feu dans deux pintes
d'eau commune : cette efpece de fy-
róp fait, verfez-le dans votre cruche,
avec tout ce qui fera en infufion,
bouchez exactement fon orifice ; &
après l'avoir expofé au foleil pendant l'efpace de fix femaines, paffez-
le par la chauffe, & votre ratafia
fera parfait.

Ratafia de Cedra.

Mettez en infufion, pendant deux
mois, dans fix pintes d'eau-de-
vie, trois gros de cedra, ajoutez
par pinte fix à fept onces de fucre
fondus dans un peu d'eau, avant
que d'être jettés dans la cruche, paffez enfuite votre liqueur par la
chauffe, & fi vous vous êtes donné
la peine de la teindre en rouge,
vous ferez charmé, autant de fa
couleur que de fa bonté.

Ratafia d'Eau de Noyau.

Dans neuf pintes d'eau-de-vie, que

vous augmenterez d'une pinte d'eau de fleur d'orange, & six onces de sucre par pinte d'eau-de-vie, vous mettrez infuser des amandes d'abricots nouveaux, pendant l'espace de six semaines, (vous observerez de casser le sucre par morceaux, & de le tremper dans de l'eau commune, la moitié, une minute avant que de le mettre dans l'infusion :) ces précautions prises, & cette méthode exactement suivie, vous ferez filtrer votre liqueur par la chausse, & vous aurez un ratafia très-agréable.

Ratafia de Fleurs d'Orange.

Faites infuser dans neuf pintes d'eau-de-vie, trois livres de feuilles de fleurs d'orange, exposez au soleil, pendant l'espace d'un mois, votre cruche bien bouchée, ce tems accompli, mettez une livre de sucre en poudre pour chaque pinte d'eau-de-vie, rebouchez ensuite exactement votre cruche ; & placez-la au soleil une seconde fois jusqu'à la fin des chaleurs : pendant tout ce tems, vous aurez soin de la remuer souvent , après quoi , vous la passerez par la chausse & l'employerez.

Citronelle.

Ajoûtez l'écorce de quatre oranges , une poignée de coriandre concassée , & quatre clous de girofle, & plusieurs écorces de citrons bien frais, taillées en lames extrêmement fines , mises en infusion dans neuf pintes d'eau-de-vie , pour l'espace d'un mois ; après quoi , distillez le tout au filet très-délié , lorsque vous aurez retiré cinq pintes par la distillation , vous les mêlerez à une égale quantité de syrop ; pour rendre ensuite le mélange limpide , faites usage d'un jaune d'œuf, & filtrez après selon les regles de l'art.

Macaroni.

Vous mettrez en infusion pendant quinze jours, dans neuf pintes d'eau-de-vie , une livre d'amandes ameres exactement pilées avec un peu de racine d'angélique de Bohême, vous remuerez souvent la cru-

che qui contient toutes ces drogues,
& lorsque le terme de l'infusion sera
accompli, vous verserez confusé-
ment les amandes & l'eau de-vie
dans la cucurbite, adapterez le chapiteau, placerez l'alambic au bain-
marie, & distillerez au petit filet :
que votre feu soit entretenu, &
quand vous aurez extrait cinq pintes
d'esprit bien empreigné de l'odeur
d'amandes, vous ferez votre syrop
avec cinq livres de sucre, deux bou-
teilles d'eau de fleurs, & trois d'eau
commune ; lorsqu'il sera entierement fait, vous commencerez la
composition en le mélant avec votre
esprit, & en ajoutant une trentai-
ne de gouttes d'essence de cedra ;
après quoi, vous filtrez par le papier
gris : cette opération est très-facile,
& la liqueur une fois passée, sera
d'une clarté éblouissante, & char-
mera tout à la fois le goût & la vûe.

Absynthe.

Faites infuser pendant quinze
jours, dans neuf pintes d'eau-de-vie,
huit poignées d'absynthe, deux on-

ces de canelle, un demi-litron de geniévre, & une demi-once de racine d'angélique ; remuez fréquemment la cruche, & diftillez enfuite au bain-marie, au fort filet, la valeur de fix pintes d'efprit recueilli : verfez le tout dans la cucurbite, & cohobez. Sitôt que la compofition en eft à ce point, ne diftillez qu'au filet médiocre, & peu après, quand vous avez extrait cinq pintes d'efprit bien chargé d'odeur, procédez de cette autre maniere. Faites du fyrop avec cinq livres de fucre, fondu dans quatre pintes d'eau commune, & augmentez d'une bonne pinte d'eau de fleurs d'orange, mêlez-le enfuite avec ces cinq pintes d'efprit & filtrez à l'ordinaire.

De la Badiane.

Mettez en infufion, fix onces de badiane réduite en poudre, pendant l'efpace de quinze jours, dans neuf pintes d'eau-de vie diftillée au filet médiocre : fi cette premiere opération ne fuffit pas, pour que l'efprit foit fuffifamment impreigné d'odeur, vous cohoberez après six pintes, & cinq suffiront à la seconde fois, & vous les mêlerez au syrop préparé avec cinq livres de sucre & cinq pintes d'eau : vous clarifierez le tout au blanc d'œuf, & filtrerez selon l'art.

Huile de Venus.

Vous mettrez en infusion, dans neuf pintes d'eau-de-vie, pendant un mois, trois onces de graine de chirouis, autant de graine de carvi, quatre de graine de daucus creticus, quatre gros de macis, & une once de canelle, le tout exactement réduit en poudre ; après quoi, vous distillerez au bain marie, au fort filet : après avoir retiré six pintes, vous les verserez dans l'alambic, & vous cohoberez ; ayant retiré à cette seconde distillation, la valeur de cinq pintes d'esprit, vous laisserez éteindre votre feu, ensuite vous composerez le syrop de la façon suivante. Vous coulerez de l'eau de safran bouilli, jaune, & plus épaisse que de l'huile, & extrêmement chaude, fur fept à huit livres de fucre : lorfqu'il fera fondu, vous le laifferez refroidir & verferez alors votre efprit fur votre fyrop : ce mélange étant extrêmement fort, vous ne le pafferez point au papier, & vous vous fervirez conféquemment d'une chauffe de toile de coton.

Huile de Cythere.

Cinq pintes d'efprit de canelle, cinq de fyrop, & deux verres d'eaurofe bien mêlée avec une pinte de fcubac, fix gouttes d'effence de citron, fix de girofle, fix de cedra, & deux de bergamotte, produiront une excellente huile ; après cette opération, elle veut être clarifiée au blanc d'œuf, placée au bainmarie pendant l'efpace de fix heures, & filtrée felon l'ufage.

Eau des Barbades.

Faites diftiller au bain-marie, au petit filet, les zeftes de quatre gros de cedra, & deux onces de canelle, infufés préalablement pendant

quinze

quinze jours dans neuf pintes d'eau-
de-vie ; en ayant retiré sept pintes,
démontez votre alambic, n'employez point ce qui reste dans la
cucurbite, nétoyez-la exactement,
versez-y vos sept pintes de la premiere distillation, ajoutez les zestes
de quatre nouveaux cedras & deux
onces de canelle, adaptez le réfrigérant, distillez au bain marie & au
petit filet, comme la premiere fois :
ayant retiré quatre pintes, cohobez-
les, & vous cesserez lorsque vous
en aurez extrait cinq à six pintes.
Cette opération faite, vous ferez
dissoudre dans une pinte & demie
d'eau bouillante, sept livres de sucre rapé ; mélangez vos esprits avec
ce syrop, & lorsque tout sera filtré,
vous aurez une liqueur fort gracieuse ; mais il ne la faut boire, que
quand elle aura acquis assez de tems
pour avoir la force & la vigueur
dont elle est susceptible.

Crême des Barbades.

Mettez en infusion, pendant l'espace de quinze jours, dans neuf

pintes d'eau-de-vie, les zeftes de trois
cedras, les zeftes de trois belles oranges de Portugal douce, des cloux
de girofle, quatre gros de canelle,
& deux de macis; diftillez enfuite
le tout au bain marie, au fort filet,
en ayant extrait fix pintes d'efprit,
verfez-les par le canal de la cucurbite & cohobez; lorfque vous aurez extrait cette feconde fois cinq
pintes d'efprit, vous ferez fondre fix
livres de fucre fin, mêlez le tout &
le faites filtrer.

Roſſolis ambré.

Prenez quatre livres de fucre, que
vous ferez fondre dans quatre pintes
d'eau, vous leur ferez faire fix bouillons, & vous fouetterez & réduirez
en mouffe un blanc d'œuf avec fa
coquille bien écrafée; vous mêlerez le tout & laifferez bouillir encore un bouillon, enfuite le pafferez par la chauffe, & y verferez un
poiffon d'eau de fleur d'orange, &
de bonne eau-de-vie. Si vous voulez le rendre extrêmement clair,
vous y répandrez de l'effence d'hypo-

cras, & la ferez filtrer de nouveau, & alors vous aurez un rossolis excellent.

Rossolis parfumé aux fleurs.

Otez la crudité de deux pintes d'eau en la faisant bouillir, retirez-la du feu, & lorsqu'elle ne sera plus que tiede, jettez-y une poignée de fleurs odoriférantes, laissez-la infuser jusqu'à ce qu'elle soit refroidie & qu'elle en ait pris l'odeur ; ensuite, vous retirerez les fleurs avec une écumoire, après les avoir fait bien égoutter, & versez dans cette eau, une chopine de syrop de sucre & d'esprit de vin, & vous aurez un rossolis qui ne le cedera point au précédent.

Essence d'ambre.

Mettez dans une bouteille de gros verre, deux gros d'ambre gris pilé, avec une pinte d'esprit de vin, & une petite vessie de musc coupée par petits morceaux, remuez vivement la bouteille, & pendant

l'efpace de fix femaines, expofez-la
au foleil d'été. Il faut néceffairement que la bouteille foit pofée fur
du fumier, & qu'il y ait un tiers
de vuide : en obfervant cette précaution, l'effence fera merveilleufe.

Effence d'hypocras.

Une once de canelle, une demi-
once de cloux de girofle, une pincée de coriandre, un demi-gros de
gingembre, une feuille de macis,
& deux grains de poivre long concaffé mis tout enfemble ; avec demi-feptier d'efprit de vin, dans une
bouteille de gros verre, remuée
exactement & expofée fur du fable
au foleil pendant l'été, produira une effence très-agréable, que
l'on pourra, après ces opérations,
augmenter d'un peu d'effence d'ambre, pour la rendre encore plus déli-
cieufe au goût & à l'odorat.

Hypocras.

Mêlez une demi-livre de fucre
concaffé, un demi-gros de canelle,

une pincée de coriandre concaffée, deux grains de poivre blanc, quelques zeftes d'orange, une feuille de macis, un peu de jus de citron, & quatre cloux de girofle avec une pinte d'excellent vin rouge bien fort : laiffez infufer le tout pendant deux ou trois heures, jettez-y enfuite une cuillerée de lait, & faites filtrer toutes ces drogues par la chauffe, autant de fois qu'il faudra, pour qu'il foit parfaitement clair.

Sucre parfumé au mufc & à l'ambre.

Pilez enfemble quatre onces de fucre blanc, douze grains d'ambre gris, & fix de mufc, jufqu'à ce que le fucre foit réduit en poudre, & renfermez le tout dans une boëte bien bouchée, garnie de papier & mife dans un lieu fec ; alors vous aurez un fucre excellent pour parfumer toutes fortes de liqueurs.

Paftilles de bouche.

Ajoutez à deux livres de fucre

blanc , à quarante grains d'ambre
gris, autant de musc, une pincée
d'iris en poudre , & un peu de citron seché ; pilez le tout, passez
ensuite par le tamis de crin, & alors
vous aurez une pâte excellente dont
vous pourrez faire des pastilles , lorsque vous aurez employé, pour la
mieux former, de la gomme adragant détrempée avec de l'eau de
fleur d'orange.

Autre.

Passez par le tamis de crin, trois
livres de sucre royal, & un demi-
gros de musc pilés ensemble dans
le petit mortier : cette opération
faite , formez du tout une pâte avec
de la gomme adragant détrempée
dans de l'eau de fleur d'orange, &
en formant cette pâte , versez-y une
once d'essence d'ambre ; lorsqu'elle
sera entièrement faite, vous l'applatirez & en taillerez vos pastilles, que
vous mettrez entre deux papiers, &
ferez sécher à l'air.

Ratafiat de Scubac d'Irlande.

Prenez trois pintes d'eau-de-vie, une once de faffran, une de réglif-fe, une de jujube, une de raifin de damas, une demie de coriandre, une demie de canelle. Faites fondre dans deux pintes d'eau, trois livres de fucre, & mettez le tout infufer trois femaines, paffez le tout après.

Recette nouvelle fupérieure à toutes les précédentes, pour faire des caffolettes, dites vulgairement Pots-pourris.

POur commencer un Pot-pourri, il faut attendre que la lavande foit entiérement fleurie, parce que la fleur de cette plante en doit faire le fond, & parce que c'eft le tems où fleuriffent toutes les autres plantes aromatiques qui doivent y entre.

On cueillera en même tems par

I 4

paquets les aromates fuivans, afin
qu'étant épluchés enfemble, leurs
différentes odeurs plus fraîchement
mêlées les unes avec les autres, ne
compofent plus qu'un corps d'une
odeur agréable qui puiffe dédom-
mager des foins qu'on aura pris pour
l'entreprendre. La lavande, le romarin, la marjolaine, la fauge, le
thim & la méliffe, feront mifes en
œuvre de la façon fuivante. On ne
prendra de la lavande que les fleurs
avec ce qui les environne, de façon
que la baguette refte nue. Elles doivent être mifes abondamment, ainfi
que les fleurs de marjolaine dont on
mettra les feuilles avec les fleurs. Le
romarin & la fauge ne fourniront
que leurs fleurs. La méliffe, la pointe de fa tige & fes feuilles les plus
nouvelles. Le thim, fa fleur & fes
feuilles. Toutes ces plantes proprement épluchées, feront mifes dans
une grande terrine, avec une livre
de gros fel ou davantage, felon la
quantité des herbes qu'on couvrira
avec foin d'un linge, feulement pendant deux jours, les remuant de tems
en tems de crainte que pendant la

fermentation qui se fait, elles n'acquierent une odeur dominante qui deviendroit dans la suite très-désagréable. On jettera ensuite dans la terrine deux ou trois poignées de fleurs de camomille avec les boutons qui s'y trouvent, autant de fleur d'orange ou de citron, quelques fleurs de jasmin commun, les feuilles de deux roses double, quatre ou cinq poignées de feuilles de laurier de cuisine coupées par petits morceaux, quelques pointes de basilic, de sarriette & de baume. Les feuilles de mirthe y seroient excellentes, s'il étoit aisé d'en avoir, cependant comme on tond ces arbrisseaux à peu-près dans ce tems, on en aura par ce moyen, & l'on ne sçauroit trop y en mettre.

Après avoir brouillé ensemble toutes ces herbes, on peut y jetter encore un peu de gros sel, & laisser ensuite la terrine découverte l'espace de vingt-quatre heures. Après quoi l'on coupera par petits morceaux l'écorce de sept ou huit citrons qu'on y jettera, ainsi qu'un cent de cloux de girofle plus ou moins, en-

I 5

viron pour dix fols de canelle mife en morceaux, & deux grains d'encens mis en poudre.

Le Pot-pourri ainfi compofé, on en remplit plufieurs vafes à large ventre & plus étroits d'ouverture, de porcelaine ou de fayance, dont le couvercle eft percé de plufieurs trous pour en laiffer exhaler le parfum dans les Appartemens. On les arrofera alors chacun en particulier, mais légerement d'eau de mélifle, d'effence de cédra & de Bergamotte. On y ajoutera pour derniere opération cinq ou fix pincées de fel fur leur fuperficie. Voilà tout ce qu'il faut obferver exactement pour avoir un excellent Pot-pourri, au-deffus de tous ceux qui ont été compofés jufqu'à préfent, & par la fineffe du parfum, & par l'agrément de la durée qui peut être de dix ou douze ans, en fe donnant feulement la peine d'y ajouter tous les ans quelques morceaux de l'écorce de citron, & l'arrofer de tems en tems des effences ci-deffus. Sa compofition eft uniquement pour le climat de Paris & fes environs.

Dans ceux dont le foleil eft plus
chaud, les plantes aromatiques ont
beaucoup plus de force; il les faut
dofer tout autrement, & en ajouter
beaucoup d'autres qu'on ne trouve
point ici.

AVERTISSEMENT
DE
L'ÉDITEUR.

APrès avoir exposé dans un ordre dij-
tinct avec toute la précision & la
clarté qu'il m'a été possible, la multitude
& la variété des compositions que l'Art a
inventées pour parfumer toutes sortes de
matiéres, d'espéces & d'objets, j'ai cru
que le Lecteur verroit avec plaisir un détail
raisonné des instrumens qui servent dans
ces différentes opérations, & qu'il liroit
avec satisfaction la façon dont il faut les
employer, leur diversité, leurs avantages,
leurs inconvéniens & les circonstances dans
lesquelles on doit s'en servir. C'est ce qui
m'a déterminé à ajouter à la fin de cet ouvrage un petit Traité sur la Distillation,
où sans fatiguer l'esprit du Lecteur par un
amas de recherches chimériques, j'ai tâché
de lui donner une idée nette, claire & précise de cet Art qui donne l'ame & la vie
aux parfums.

TRAITÉ

DE LA

DISTILLATION.

DE LA DISTILLATION.

LA Distillation est l'art d'extraire les esprits des corps. Les fleurs, les fruits, les plantes, tout ce que la Nature produit est du ressort de cet art ; & il embellit ses ouvrages en multipliant nos plaisirs.

Il y a trois sortes de Distillation, l'une s'appelle *per ascensum*, l'autre, *per descensum*, & la derniere, *per latus*.

La premiere est celle dont on se sert communément ; elle se fait quand le feu dans lequel l'alambic est posé, fait monter les esprits. La seconde

n'eſt preſque miſe en uſage que pour
l'eſſence de girofle ; elle ſe fait dans
le moment que le feu, placé ſur le
vaiſſeau, fait précipiter les eſprits.
La troiſiéme n'eſt employée que par
les Chymiſtes, conſéquemment je
n'en parlerai pas.

Il y a pluſieurs façons de diſtiller,
cette variété eſt occaſionnée par les
divers vaiſſeaux dont on ſe ſert, ou
par les matiéres que l'on employe
pour exciter la chaleur, & l'on en
compte juſqu'à plus de treize ſortes.
Telles ſont la diſtillation à l'alambic
ordinaire au refrigerant, à l'alambic de verre, à celui de terre, à l'a-
lambic au ſerpentin, à la chaudiere,
à la cornue, au vaiſſeau de rencontre, au bain marie, au bain de vapeurs, au bain de ſable, au bain de
fumier, à la chaux, & enfin à celui
de raiſin ; les ſix dernieres ſont pro-
duites par les matiéres chaudes dans
leſquelles on place l'alambic, & les
premieres par la différente conſtruction des alambics. Avant que d'expliquer les avantages particuliers de
chacune de ces diſtillations, je vais
parler de la forme & de la conſtruc-

tion des alambics, pour que l'on ait une idée plus nette & précise de toutes ces différentes distillations dont je parlerai dans la suite.

Des Alambics.

Les alambics étant de différente conſtruction, ſervent à différens uſages ; l'on en compte de neuf ſortes, qui ſont l'alambic ordinaire au refrigerant, l'alambic de terre.

1°. Le col que l'on appelle ſoupiral ou cheminée, eſt un long canal qui s'adapte par le bas au col du couronnement, & par le haut à la tête de mort. Plus ce ſoupiral eſt long, plus l'opération eſt parfaite.

2°. La tête de mort qui eſt la partie la plus élevée de l'alambic, eſt une chape de cuivre étamé, en forme de crâne, compoſée de deux parties convexes, l'une en dehors, l'autre en dedans ; la ſupérieure ſert à arrêter les eſprits, d'où ils retombent dans la partie inférieure que l'on appelle *réſervoir*, qui, par ſa convexité, les retient, & d'où ils coulent par le bec ou tuyau dans le récipient qu'on y attache.

3°. Le recipient est un vaisseau ordinairement de verre dont l'ouverture est étroite qu'on lute avec le bec
ou tuyau, pour empêcher l'évaporation. Il doit être du moindre volume qu'il se puisse par rapport aux
quantités qu'on distille, pour éviter
l'embarras.

4°. Le refrigerant est un bassin au
sommet de l'alambic dans lequel
est renfermée la tête de mort, on le
remplit d'eau, & il sert à le rafraîchir. Les grands alambics tels que la
chaudiere, se rafraîchissent différem-
ment, on fait passer le tuyau du chapiteau, celui de verre, l'alambic au
bain - marie, celui au bain de vapeurs, l'alambic au serpentin, la
chaudiere, la cornue & le vaisseau
de rencontre.

Il est en général composé de deux
parties principales, l'une inférieure
appellée *poire*, l'autre supérieure appellée *chapiteau*.

La partie inférieure est composée
de deux piéces, l'une s'appelle cucurbite ou matras, l'autre, couronnement: le matras qui est la partie inférieure de la poire, est une espéce

de cuvette plus ou moins grande selon la forme de l'alambic, où se
mettent ordinairement les matieres
à diftiller.

Le couronnement qui eft la partie fupérieure de la poire, eft une autre efpéce de cuvette qui ne fe fépare
jamais du matras, & fe termine en
forme d'entonnoir qui s'adapte à la
partie fupérieure de l'alambic par un
autre col ou tuyau ; le matras fe dif-
tingue du couronnement, parce que
les matiéres que l'on veut diftiller ne
doivent jamais paffer la féparation
de ces deux piéces.

La partie fupérieure qui eft appellée *chapiteau*, eft compofée de fix
piéces. Elle paffe à travers un tonneau plein d'eau, & l'on rafraîchit
la tête de mort avec un linge mouillé.

On met au refrigerant une fontaine pour faire couler l'eau quand
elle eft trop chaude, & pour y en
fubftituer de plus fraîche.

5°. L'alambic de terre eft un vaiffeau
de grais en forme de tonneau, dont
le fommet fe termine en pointe, auquel on adapte un chapiteau de ver-

re : l'ufage en eft dangereux, parce qu'il ne fe rafraîchit que difficilement, & qu'il ne peut fervir qu'à une feule opération.

L'alambic de verre eft affez femblable au précédent pour fa conftruction, mais on n'en peut faire ufage qu'au bain marie : on le place dans une cuvette de cuivre fur un fourneau, cette cuvette étant pleine d'eau chaude, communique fa chaleur aux matiéres diftillées ; cette façon de diftiller au bain marie & cette efpéce d'alambic font parfaites pour les eaux fimples, les quinteffences & toutes les matiéres dont on ne veut diftiller qu'une petite partie. L'on fe fert de linges mouillés afin de rafraîchir, car fa fragilité empêche très-fouvent que l'on y puiffe ajouter un refrigerant.

L'alambic ordinaire eft l'alambic au bain de vapeurs, mais placé fur une cuvette remplie à moitié d'eau qu'on fait toujours bouillir, & dont la vapeur échauffe toujours la cucurbite & les matiéres. Cette cuvette fur laquelle on le place, doit avoir des ouvertures pour remettre de l'eau à mesure que l'évaporation diminue. On peut beaucoup distiller avec cette méthode, l'opération est prompte & excellente pour les eaux d'odeurs, &c.

Celui au serpentin est semblable à l'alambic ordinaire, à l'exception qu'au sommet du chapiteau on ajoute un long canal tortueux d'étain, soutenu par deux platines ; quoique l'opération de cette méthode soit longue, elle est la meilleure de toutes pour purifier les esprits. Cet alambic n'ayant point de réfrigérant, il se rafraîchit ainsi que le précédent.

La chaudiere est un grand alambic à l'ordinaire toujours placé dans un fourneau à cause de sa grandeur ; comme il n'a point de réfrigérant, parce qu'il seroit d'un trop grand volume, on le fait rafraîchir en faisant passer le bec de son chapiteau à travers un tonneau rempli d'eau.

La cornue est un alambic de construction arbitraire ordinairement de fer battu ou de grais, pour résister à l'action du feu ; on ne l'employe que pour les distillations les plus violentes.

Le vaiſſeau de rencontre eſt un compoſé de deux matras appliqués à leur orifice & exactement lutés; l'uſage de cette eſpéce d'alambic eſt pour l'extrême rectification des liqueurs qu'on veut dépouiller de tout flegme.

La conſtruction des fourneaux varie à proportion de la forme des alambics, il faut en général leur donner une aſſiette ſolide, & qu'ils ſoient faits en brique, & qu'ils ayent de largeur le tiers de leur longueur.

L'alambic doit être poſé à plomb ſur l'ouverture du fourneau qui lui eſt propre, & pour en poſer ſix enſemble ſur le même fourneau, il doit avoir au moins cinquante pieds de longueur.

Les ouvertures des fourneaux ſont de la même forme que les alambics avec la profondeur néceſſaire pour les aſſeoir ſolidement, elles ont entre elles cinq pieds de diſtance, & par ce moyen, entre chacune, un trépied pour placer le récipient.

Lorſqu'ils ſont portatifs, l'on peut s'en ſervir également en ayant la précaution de les aſſeoir avec ſolidité, de garnir le deffus de deux barres de fer pour affurer l'alambic, & de mettre une grille dans le bas afin de laiffer tomber la cendre : qu'ils foient fixes ou non, il faut placer leur ouverture où il y a le plus d'air, & obferver de bruler du bois pour les diftillations fortes, du charbon pour les ordinaires, mais de ne jamais employer du charbon de terre : nonfeulement il exhale une odeur vicieufe, mais encore il ronge & corrompt les alambics.

Des accidens qui peuvent arriver en diftillant, des moyens de les prévenir, & des remedes qu'il faut employer lorfqu'ils arrivent.

LE feu fait naître tous les accidens qui arrivent en diftillant, le défaut d'attention les multiplie, & la peur dont on fe laiffe maîtrifer, lorfqu'ils fe manifeftent entiérement, les rend irremédiables.

Le premier accident qui puiffe ar-

river par le feu, est qu'un Distilla-
teur, en le pressant ou en tirant trop
de liqueur, fait brûler toute sa recette au fond du matras, perd sa
marchandise par l'égoût d'empyren-
ne, & détame son alambic.

Si le feu est trop vif, l'ébullition
prodigieuse des recettes les fait monter avec les esprits jusqu'au sommet
du chapiteau, ils tombent brûlans
dans le récipient ; la chaleur le fait
casser, les esprits se répandent &
s'enflamment au feu du fourneau.

Si le feu est trop poussé, il fait
rougir la cucurbite, enflamme les
matiéres & porte le feu dans le récipient par une suite qui est indis-
pensable.

Si l'on se sert d'un alambic de terre, & que l'on n'y porte point une
attention raisonnée & réfléchie, le
feu brule les recettes au fond. Alors
le chapiteau qui n'est que de verre,
creve, & les esprits se répandent &
s'enflamment.

Si l'alambic n'est pas assis solide-
ment, il se dérange, tombe & se dé-
lute, la liqueur se répand, & la vapeur seule porte le feu aux esprits
distillés.

Si l'on n'a pas la précaution de luter exactement les paffages, les efprits, dans leur premier effort, fe font iffue par la moindre ouverture, coulent dans le fourneau, & la vapeur porte le feu dans l'alambic.

Dans les diftillations où le flegme monte le premier, fon humidité imbibe le lutage, le décole quand la vapeur fpiritueufe monte, & elles font par-là expofées au même danger.

Quoique tous ces accidens paroiffent très-redoutables, ils le font encore plus que l'on ne s'imagine; car non feulement le Diftillateur qui les éprouve, perd fon tems & fa marchandife, mais encore fa fortune & fa vie : c'eft pourquoi il eft très-néceffaire d'apporter dans ces opérations de l'intelligence, de l'application, de la préfence d'efprit, & les moyens dont je vais parler, afin de prévenir ces malheurs.

Pour les employer, il faut connoître particulierement deux chofes, qui font le dégré du feu & le lutage.

Le meilleur expédient pour s'af-

furer du dégré de feu nécessaire, est
de le régler sur les matiéres plus ou
moins promptes à distiller, ce qui
se fait de cette maniere : on ne quitte
point son alambic, on écoute ce
qui se passe dedans lorsque le feu
commence à l'échauffer : si l'on s'apperçoit que l'ébullition soit violente,
on retire une partie du bois ou du
charbon, & on le couvre de cendre
ou de sable. En observant exactement cette méthode, le feu ne fera
aucun mauvais effet. Quant aux autres accidens, les moyens suivans
sont ceux qu'il faut employer pour
les empêcher de naître. Le lutage
est le plus sûr, c'est une composition de cendres détrempée avec de
l'eau avec laquelle on ferme tous
les passages, & lorsqu'ils sont exactement bouchés, il ne faut plus
songer qu'à conduire le feu comme
je l'ai dit ci-dessus.

Quelqu'essentiel qu'il soit de prévenir les accidens qui peuvent arriver en distillant, comme il est im-
possible à l'homme de prévoir tous
les cas, il n'est pas moins impor-
tant d'indiquer les remedes qu'il
faut

faut employer pour arrêter leurs fuites, lorsqu'ils arrivent, que d'expliquer les moyens dont on doit se servir pour les empêcher de se produire : ceux-ci ayant été expliqués, je passe à ceux qui ne l'ont pas encore été.

Je le répete, le point le plus essentiel est d'avoir du sang froid, du courage & de la présence d'esprit ; car, comme je l'ai déjà dit, la peur rend les dangers plus éminents & presque toujours irrémédiables.

Dans le cas où les recettes brûleroient au fond du matras, ce qui s'apperçoit facilement par l'odeur, il faut sur le champ éteindre le feu, parce que perte pour perte, il faut toujours empêcher qu'elles ne s'enflamment à un point où il n'y auroit plus de remede.

Si le feu prend aux recettes, le premier soin doit être de délutter promptement le récipient, de boucher l'extrémité du bec, & le gouleau du récipient d'un linge mouillé.

Ensuite il faut éteindre le feu, & si la flamme sortoit à l'endroit du luttage, il faut serrer les jointures de

K

l'alambic avec un linge mouillé.

Si l'alambic est de terre, & que les matiéres brûlent au fond, éteignez d'abord le feu, déplacez l'alambic, & jettez de l'eau dessus jusqu'à ce que vous soyez assuré que le danger est passé, & pour plus de sureté, couvrez-le d'un linge mouillé.

Il n'y a que le dégré du feu & du luttage qui puisse remédier à ces accidens ; mais lorsque malheureusement la flamme est dans l'alambic, voici les précautions qu'il faut prendre.

Il ne faut approcher de l'alambic qu'avec un linge mouillé sur la bouche & sur le nez, parce qu'il est mortel de respirer la vapeur enflammée.

Il faut ensuite observer, en remédiant aux accidents, de courir du côté où l'air ne pousse pas la flamme, car sans cette attention, vous en feriez couvert, & vous ne pourriez vous sauver qu'avec grande difficulté.

S'il arrivoit que vous fussiez vousmême couvert d'esprits enflammés, ayez toujours pour vous en garantir, à tout événement, un drap mouillé dans lequel vous vous envelopperez.

Dans un accident défefpéré, tel que feroit celui où le feu prendroit à un grand tirage d'eau-de-vie, s'il en eft tems encore, il faut couper la communication du bec de l'alambic au récipient, qui d'ordinaire eft un tonneau, en bien fermer la bonde, fans porter de lumiére nulle part, & abandonner le refté, la confervation du Diftillateur étant l'objet le plus intéreffant.

Des avantages de chaque diftillation en particulier.

Après avoir donné une idée de la diftillation, des alambics, & des moyens dont on doit fe fervir pour fe préferver des accidens qui arrivent, il eft néceffaire de donner du moins une idée fuccincte de cet Art, d'y entrer plus avant, & de faire pénétrer les avantages de chaque diftillation, & des circonftances dans lefquelles on doit les employer.

K 2

De la maniére dont on diſtille à l'alambic ordinaire au réfrige- gérant.

Cette maniére de diſtiller eſt le plus en uſage, parce qu'elle coûte moins de temps & moins de peines que les autres.

Pour diſtiller à l'alambic ordinai- re, il faut commencer par rincer la poire, pour ôter toute odeur au goût que les recettes précédentes pourroient avoir laiſſé. On garnit enſuite la cucurbite de la recette que l'on veut diſtiller, avec l'attention qu'elle n'excede pas la hauteur de la cucurbite même, c'eſt-à-dire la moitié de la poire entiére. On aura la même attention pour le chapi- teau qu'il faut ſur-tout bien eſſuyer, parce qu'il arrive ſouvent que lorſ- qu'il reſte quelque humidité dans le réſervoir, le commencement de la diſtillation eſt nebuleux, & ſi on le veut ſéparer du reſte, on perd la meilleure partie du parfum. Ceci fait, on lutte avec beaucoup de ſoin les deux parties de l'alambic avec de bon papier gris, qu'on collera bien, & on le mettra aussi-tôt sur le feu.

Il faut bien faire attention au dégré de feu, comme j'ai déjà dit, parce que chaque recette demande une conduite différente, & il faut de tems en tems changer l'eau du refrigérant.

De la maniére dont on distille au sable, & dans quel cas il faut l'employer.

Il y a deux façons différentes de distiller au sable : la suivante est celle qui est le plus en usage, & je ne parlerai point de l'autre étant très-rarement employée.

Après avoir bien lavé du sable de fontaine extrêmement fin, on le met au fond de l'alambic de la hauteur de trois doigts, on garnit ensuite la cucurbite de la recette qu'on veut distiller.

Quand l'opération sera faite, il faudra bien laver & nettoyer ce sable, de peur que le goût ou l'odeur qu'il auroit contracté, ne se communique à une autre recette.

K 3

Cette méthode de diftiller eft particuliérement ufitée pour la parfaite rectification des efprits au vaiffeau de rencontre, & le fable eft abfolument néceffaire pour modérer l'action du feu lorfqu'il eft trop violent, & que le Diftillateur craint que les recettes ne brûlent au fond de l'alambic.

De la maniére dont on diftille au bain-marie, & des avantages de cette méthode.

Pour diftiller au bain-marie, on fe fert ordinairement d'un alambic de verre qu'on place dans une cuvette d'airain : cette cuvette doit être au moins de la hauteur de la moitié de la poire ; au fond de cette cuvette on met d'ordinaire une petite couronne ou trépied fur lequel l'alambic porte.

L'ufage de diftiller au bain-marie eft une des meilleures façons ; dans plufieurs cas l'opération en eft la plus parfaite, & il faut néceffairement s'en fervir quand on veut diftiller fans eau des fruits, des fleurs, des plantes, &c.

Dans quelle occasion on doit se servir des alambics de terre & de verre.

L'alambic de terre étant extrêmement difficile à conduire, on n'en peut conseiller l'usage que pour les matiéres d'odeurs fortes ou mauvaises.

Comme on distille presque toujours à feu nud avec cet alambic, il faut avoir pour cela un fourneau où l'on puisse mettre du feu petit à petit à cause des inconvéniens auxquels il est si sujet.

L'alambic de verre est d'une conduite d'autant plus aisée, qu'il est toujours placé dans un bain-marie ; l'usage en est pour les eaux de fleurs & les quintessences.

Cette espéce d'alambic ne peut avoir de refrigérant qu'avec une grande difficulté : il faut mettre conséquemment un linge mouillé sur le chapiteau, qu'on changera souvent pour le rafraîchir. Il est encore nécessaire d'observer qu'il ne faut pas mettre un recipient trop grand à cet alambic à cause de la fragilité de son bec.

Avantages de la distillation au serpentin.

C'est à peu près la même qu'à l'alambic ordinaire, si ce n'est que celle-ci fait l'opération infiniment plus parfaite. La construction qui a été donnée du serpentin suffit pour instruire le Lecteur de l'effet qu'il produit. Il est plus d'usage parmi les curieux que parmi les Distillateurs, parce que l'opération est trop longue, quoiqu'elle soit supérieure à toutes autres. Elle ne devroit être employée que pour les liqueurs fines & de grand prix.

Avantages de la distillation au bain de vapeurs.

C'est à peu près la même que celle au bain-marie, & on l'employe à peu près dans les mêmes circonstances : mais elle a sur le bain-marie l'avantage de faire l'opération beaucoup plus prompte. Quand on voudra y diftiller des eaux d'odeurs ou des fleurs, il faudra mettre du fable au fond, pour empêcher que la liqueur ne contracte le goût du cuivre.

Dans quelle circonftance l'on doit fe fervir du fumier du marc de raifin & de la chaux.

On ne fe fert ordinairement des matieres ci-deffus, que pour mettre les recettes en digeftion, encore ne font-elles que d'un foible ufage pour les Diftillateurs qui ne fe fervent à cet effet que de cendres chaudes, ou d'un feu bien couvert.

Si l'on fe fert de fumier, il faut prendre le plus chaud, c'eft-à-dire celui de cheval ou de mouton, & proportionner le tas à la chaleur qu'on veut donner. La chaux doit être vive, ainfi que le marc de raifin; mais ce qu'il faut obferver, c'eft que de quelque maniere que l'on fe ferve des trois chofes qui viennent d'être nommés précédemment, il faut obferver que cette digeftion fe faffe dans un endroit bien clos & bien couvert.

Voilà la maniere de diftiller, les inconvéniens qui s'y rencontrent, les avantages & la variété des diftillations : c'eft au Lecteur à procéder de cette maniere, pour mettre en ufage tous les tréfors que la Nature a deftinés à l'homme pour lui faire oublier par leurs charmes la multitude de fes travaux.

F I N.

TABLE

DU TRAITÉ DES PARFUMS,

& des plus beaux secrets qui entrent dans leur composition.

DEs Gants de senteurs, page   1

Maniere de purger les Peaux,   2

Peaux ou Gants parfumés aux fleurs seulement, à la mode de Provence,   3

Composition pour deux douzaines de Gants   6

Gants blancs aux fleurs de Jasmin. .   7

Gants blancs parfumés au Jasmin, à la mode de Rome.   8

Gants de Jasmin de couleur, pour une grosse.   ibid.

Seconde couche pour la Gomme.   9

Gants de l'odeur de Jasmin sans fleurs.   ibid.

Gants à la fleur d'Orange.   10

Gants blancs parfumés, pour une douzaine.   12

Autres Gants blancs parfumés, pour une douzaine.   ibid.

K 6

Gants d'Ambrette blancs. 13

Seconde Couche. 14

Troisieme Couche. ibid.

Gants d'Ambrette de Provence, *pour une grosse.* 15

Seconde Couche. 16

Pour la Gomme & derniere Couche. ibid.

Gants a'Ambrette à la mode de Rome, *pour une grosse.* 17

Derniere Couche. 18

Gants Musqués. ibid.

Seconde Couche. 19

Gants de Rome, pour six douzaines. 20

Pour la Gomme. 21

Autre composition de Gants de Rome. ibid.

Deuxieme Couche. 22

Troisieme Couche. ibid.

Pour une grosse de Gants de Neroly, *vrai Rome.* 23

Composition pour six douzaines de Gants de Franchipanne, *vrai Rome.* 24

Autre composition pour six douzaines de Gants de Franchipanne. 25

Gomme & derniere Couche. 26

Gants d'Ambre de Venise. 27

Deuxieme Couche. 28

Composition de la Gomme. ibid.

Gants d'Ambre sans Ambre. 29

Gants d'Ambre couleur d'Ambre. 30

Deuxieme Couche. ibid.

Troisieme Couche. ibid.

Composition pour une douzaine de Gants d'Espagne. 31

Deuxieme Couche pour la Gomme. ibid.

Autre Composition pour six douzaines de Gants d'Espagne. 32

Seconde Couche. 33

Maniere d'apprêter une grosse de Gants glacés. 34

OCAIGNES différentes pour les Gants de senteurs & autres.

Maniere de purger l'huile qu'on employe pour les Ocaignes. 38

Ocaignes différentes. ibid.

Ocaigne de bonne odeur. 39

Ocaigne de Franchipanne. 40

Ocaigne de Rome. ibid.

Ocaigne propre aux Gants de Chevreau de Grenoble & autres. 41

Autre Ocaigne. 42

Maniere d'apprêter les Gants sans senteur. ibid.

GANTS transparents blancs.

Composition pour trois douzaines de Peaux. 43

Autres Gants de la même couleur & transparents. 44

Gants Gras du Berceau. ibid.

Autre méthode pour composer des Gants Gras. 47

Autre composition pour six paires de Gants Gras, à l'Italienne. ibid.

GANTS cirés à la Reine.

Composition pour une douzaine de ces Gants. 48

Méthode pour une douzaine de Gants Cirés Jaunes. 49

AUTRES Gants Cirés Jaunes.

Méthode pour une douzaine de Peaux. 50

Gants de Blois. 51

DIFFERENS apprêts pour parfumer les Peaux d'Eventails.

Pour détacher les Cannepins des Peaux. 53

Pour les purger & les parfumer. ibid.

Méthode pour donner les fleurs aux Eventails. 55

COMPOSITIONS différentes
pour charger les Eventails.

Composition au Musc. 56

Autre Composition. 57

Composition à la Civette. 58

Composition ambrée. ibid.

Autre à la mode de Rome, meilleure que la précédente. 59

Composition dite en Pointe d'Espagne. 60

Diverses Couleurs des plus belles, composées des Terres les plus propres à colorer les Peaux, les Gants & les Eventails, &c. 61

Maniere de préparer les Couleurs. 62

Composition d'un très-beau Blanc. 63

Blanc de Lait. 65

Autre Blanc. ibid.

Beau Noir. ibid.

Gris. 66

Noisette. 67

Noisette Brune. ibid.

Noisette Claire. ibid.

Feuille Morte. ibid.

Couleur d'Espagne. ibid.

Couleur de Franchipanne. 68

Couleur de Paille. ibid.

Couleur *Minime*.   *ibid.*

Couleur d'*Olive*.   *ibid.*

Couleur d'*Ambre*.   *ibid.*

Couleur *Brune*.   69

Couleur de *Musc*.   *ibid.*

Brun *Clair*.   *ibid.*

Couleur de *Rose séche*.   *ibid.*

Franchipanne Claire.   *ibid.*

Isabelle Vif.   70

Couleur de *Triflamis*.   *ibid-*

Couleur d'*Agathe*.   *ibid.*

Couleur de *Citron*.   *ibid.*

Couleur de *Chair*.   *ibid.*

Couleur d'*Or*.   71

MOYEN d'empêcher la Gomme de se gâter, après avoir été détrempée & broyée.

Méthode pour teindre les Peaux de Chevres de diverses couleurs.   72

Couleur de *Citron*.   73

Vert.   74

Caffé.   *ibid.*

Jaune.   *ibid.*

Violet.   75

Bleu.   *ibid.*

Aurore.   *ibid.*

Oranger. 76

Rouge. ibid.

Couleur de Feu. 77

Couleur de Ponceau. ibid.

Couleur de Bronze. 78

Bronzure différente, pour une douzaine
  de Peaux. 80

Fond de Noir, pour les Peaux. ibid.

Méthode pour nettoyer & repasser les Ca-
  leçons de Peaux de Chevre & de Mouton, passés à l'huile. 81

COMPOSITIONS propres à garnir des Gants ou Cassolettes

Composition pour porter sur soi. 83

Autre composition supérieure à la précédente. ibid.

Composition Musquée. 84

Composition Ambrée. ibid.

Autre composition, dite en Pointe d'Espagne. ibid.

Autre encore plus odoriférante. 85

Composition d'une odeur très-forte & très-
  agréable. ibid.

TRAITE'.

De toutes les différentes fortes de Savonnettes qui font aujourd'hui en ufage.

Savonnettes communes Citronnées.   87
Savonnettes à l'Orange.
Autres Savonnettes communes.   89
Maniere de purger le Savon, pour en faire des Savonnettes parfumées.   90
Savonnettes Grifes Parfumées.   ibid.
Autres Savonnettes Grifes, mieux parfumées que les précédentes.   92
Autre forte de Savonnettes.   93
Savonnettes Noires de Neroly.   94
Savonnettes en façon de Bologne.   95
Vraies Savonnettes de Bologne.   96
Savonnettes de Bologne bien parfumées, propres à être mifes dans des boëtes.   97
Savonnettes Légeres.   98
Cire Grife parfumée.   100

Des Effences douces.

Huiles parfumées aux fleurs, pour les Cheveux.   101

Essence & Huile de Mille Fleurs. 102

Essence de Citron. 103

Essence d'Orange & de Neroly. ibid.

Essence de Rose. ibid.

Essence de Cédra , de Bergamote , de Bigarade , de Limoncelle de Portugal & autres fruits. 104

TRAITE' DES POMMADES.

Pommade pour conserver le Teint dans sa fraîcheur. 106

Pommade pour ôter les Rougeurs. 107

Pommade qui fait un excellent effet sur le Visage. 108

Autre pour le Visage. 109

Autre pour le Visage. 110

Pommade pour les Levres. 111

Autre pour les Levres. 112

Pommade de Pieds de Moutons. ibid.

Pommade pour les Cheveux. 113

Vernis pour le Teint. 115

Blanc pour le Teint. ibid.

Pâte pour laver ses mains sans eau. ibid.

Autre Pâte pour laver ses mains sans eau. 116

Autre pour laver ses mains sans eau. 117

*Autre Pâte qui dure deux ans sans sè
   corrompre.*   *ibid.*
Opiat en Poudre.   118
Autre Opiat.   119
Autre.   *ibid.*
Opiat Liquide.   120
Racine pour les Dents.   *ibid.*
Eau pour fortifier les Dents.   121
Autre pour les Dents.   *ibid,*
Eponges préparées pour le Visage.   122
Autres pour les Dents.   *ibid.*
Lait Virginal commun.   123
Autre.   *ibid.*

T R A I T E'.

Des Poudres pour les Cheveux.

*Maniere de composer l'Essence d'Ambre
   dans les Poudres.*   125
*Autre pour consommer le Musc & la Ci-
   vette dans les Poudres.*   126
Poudre de Jasmin.   *ibid.*
Autre de Jasmin.   127
Autre de petit Jasmin.   *ibid.*
Poudre de Fleurs d'Orange.   128
Autre Poudre de Fleurs d'Orange.   129
Poudre de Jonquille.   *ibid.*
Poudre de Jacinte.   130

Poudre de Roses Muscades.   ibid.

Autre de Roses communes.   131

Poudre d'Ambrette.   ibid.

Autre d'Ambrette.   132

Poudre de Fleurs d'Orange seches.   ibid.

Poudre Blonde & Grise.   133

Parsum pour toutes les Poudres précé-dentes.   ibid.

Parsum Musqué.   ibid.

Parsum de Franchipanne.   134

Poudre de Mousse ou de Cypre.   ibid.

Parsum de Montpellier, pour la Poudre précédente.   135

Poudre de Franchipanne à la fleur d'o-range ambrée.   136

Autre à la fleur d'orange musquée.   ibid.

Autre au Jasmin.   ibid.

Autre d'une véritable odeur de Franchi-panne.   137

Poudre d'Iris.   ibid.

Poudre de Polvil.   138

Poudre de Feves.   ibid.

Poudre purgée à l'eau-de-vie.   ibid.

Poudre pectorale de la corne de cerf, phi-losophiquement préparée.   139

Poudre pour conserver les Cheveux.   ibid.

TRAITE'

Des grosses Poudres de Violette.

Boutons de Roses préparés. 142
Fleur d'Orange seche. 143
Grosse Poudre de Violette. ibid.
Autre Poudre de Violette. 144
Autre. 145
Autre. 146
Autre. ibid.
Autre. 147
Pot-pourri. 148
Sachets d'Angleterre. 149
Autres. 150
Coussinets pour porter sur soi. 151
Autres. ibid.
Autres. 152
Toilette à la mode d'Angleterre. ibid.
Autre à la mode de Montpellier. 153
Autre, meilleure que la précédente. 155
Poches de senteur. 157
Deshabillé. ibid.
De la façon de parfumer toutes sortes de
    Boëtes. 158
Corbeille de senteur. ibid.

T R A I T E'

Des Eaux de Senteurs.

Eau de Mélilot.	160
Eau de Myrthe.	ibid.
Eau de Lavande.	161
Eau de Thyn.	ibid.
Eau de Girofle.	ibid.
Eau de Jasmin.	162
Eau de la Reine d'Hongrie.	ibid.
Autre.	163
Eau d'ange boullie.	ibid.
Autre.	164
Eau de Rose.	ibid.
Eau de fleurs d'orange, tirées à sec.	165
Eau de Canelle.	ibid.
Eau d'ange, distillée au bain-marie.	166
Eau de Cordoue.	167
Eau de fleurs d'orange au réfrigeratoire.	ibid.
Autre.	168
Eau de mille Fleurs.	169
Eau de Beauté.	ibid.
Eau de Fraîcheur.	ibid.
Eau d'Impériale.	170
Eau des Charmes.	ibid.
Eau de Fontaine de Jouvence,	ibid.

Eau de Venise. 171
Eau Cosmetique. ibid.
Eau simple qui ôte les rides. 172
Eau Rafraîchissante. ibid.
Eau de Pigeons. 173
Eau Balsamique. ibid.

TRAITÉ

Des Pastilles à brûler.

Gomme pour faire la Pâte de Pastil-
les, 175
Pastilles Communes. 176
Pastilles de Roses. ibid.
Pastilles à la mode d'Angleterre. 177
Pastilles à la mode de Portugal. 178
Pastilles à la mode d'Espagne. ibid.
Pour parfumer une Chambre. 179

TRAITÉ

Des Liqueurs & Parfums à la Bouche.

Ratafia Rouge. 180
Ratafia Blanc. 181
Ratafia de Cassis. 182
Ratafia de Coings. ibid.
Ratafia d'Angélique. 183

Ratafia d'Anis. 184

Ratafia de Noix Vertes. ibid.

Ratafia de Genievre. 185

Ratafia de Cedra. 186

Ratafia d'Eau de Noyau. ibid.

Ratafia de Fleurs d'Orange. 187

Citronelle. 188

Macaroni. ibid.

Absynthe. 189

De la Badiane. 190

Huile de Venus. 191

Huile de Cythere. 192

Eau des Barbades. ibid.

Crême des Barbades. 193

Rossolis ambré. 194

Rossolis parfumé aux Fleurs. 195

Essence d'ambre. ibid.

Essence d'Hypocras. 197

Hypocras. ibid.

Sucre parfumé au musc & à l'ambre. 199

Pastilles de bouche. ibid.

Autre. 198

Racafia de Scubac d'Irlande. 199

Recette nouvelle supérieure à toutes les
    précédentes, pour faire des cassolettes,
    dites vulgairement Pots-pourris. ibid,

T R A I T E'

De la Diſtillation.

De la Diſtillation.   205

Des Alambics.   207

Des accidens qui peuvent arriver en diſ-
tillant, des moyens de les prévenir, &
des remedes qu'il faut employer lorſqu'ils arrivent.   213

Des avantages de chaque diſtillation en
particulier.   219

De la manière dont on diſtille à l'alambic ordinaire au réfrigérant.   220

De la manière dont on diſtille au ſable,
& dans quel cas il faut l'employer. 221

De la manière dont on diſtille au bien-
marie, & des avantages de cette méthode.   222

Dans quelle occaſion on doit ſe ſervir
des alambics de terre & de verre. 223

Avantages de la diſtillation au ſerpentin.   224

Avantages de la diſtillation au bain de
vapeurs.   ibid.

Dans quelle circonſtance l'on doit ſe ſervir du fumier du marc de raiſin & de la
chaux.   225

Fin de la Table.

APPROBATION.

J'Ai lû par ordre de Monseigneur le Chancelier un Manuscrit intitulé : *le Parfumeur Royal* ; je crois qu'il peut être imprimé, & en retranchant les Compositions dans lesquelles il entre de la litarge, du blanc de plond, du sublime corrosif, de l'alun, du nitre, Composition que j'ai biffé. A Paris, ce 30 Octobre 1759.

GUETTARD.

PRIVILÉGE DU ROI.

LOUIS, par la grace de Dieu, Roi de France & de Navarre : A nos amés & féaux Conseillers les Gens tenans nos Cours de Parlement, Maîtres des Requétes Ordinaires de notre Hôtel, Grand-Conseil, Prevôt de Paris, Baillifs, Sénéchaux, leurs Lieutenans Civils & autres nos Justiciers, qu'il appartiendra ; SALUT. Notre bien amé CLAUDE-MARTIN SAUGRAIN, Fils, jeune Libraire à Paris, Nous a fait exposer qu'il désireroit faire imprimer & donner au Public un Ouvrage qui a pour titre : *Le Parfumeur Royal*. S'il nous plaisoit lui accorder nos Lettres de Permission pour ce nécessaires : A CES CAUSES voulant favorablement traiter l'Exposant, Nous lui avons permis & permettons par ces Présentes, de faire imprimer ledit Ouvrage autant de fois que bon lui femblera, & de le vendre , faire vendre & débiter par-tout notre Royaume pendant le temps de trois années confécutives, à compter du jour de la date des Préfentes ; Faifons défenfes à tous Imprimeurs, Libraires & autres perfonnes , de quelque qualité & condition qu'elles foient , d'en introduire d'impreffion étrangere dans aucun lieu de notre obéiffance. A la charge que ces Préfentes feront enregiftrées tout au long fur le Regiftre de la Communauté des Imprimeurs & Libraires de Paris, dans trois mois de la date d'icelles ; que l'impreffion dudit Ouvrage fera faite dans notre Royaume & non ailleurs, en bon papier & beaux caractères, conformément à la feuille imprimée attachée pour modele fous le contrefcel des Préfentes, que l'Impétrant fe conformera en tout aux Réglemens de la Librairie, & notamment à celui du 10 Avril 1725 ; Qu'avant de l'expofer en vente, le Manufcrit qui aura fervi de copie à l'impreffion dudit Ouvrage, fera remis dans le même état où l'Approbation y aura été donnée ès mains de notre très-cher & féal Chevalier, Chancelier de France, le Sieur Delamoignon, & qu'il en fera enfuite remis deux Exemplaires dans notre Bibliothéque publique, un dans celle de notre Château du Louvre, & un dans celle de notredit très-cher & féal Chevalier , Chancelier de France le Sieur Delamoignon ; le tout à peine de nullité des Préfentes ; Du contenu defquelles vous mandons & enjoignons de faire jouir ledit Expofant & fes ayans caufe, pleinement & paifiblement, fans fouffrir qu'il leur foit fait aucun trouble ou empêchement ; Voylons qu'à la copie des Préfentes, qui fera imprimée tout au long au commencement ou à la fin dudit Ouvrage, foi foit ajoutée comme à l'Original : Commandons au premier notre Huiffier ou Sergent fur ce requis de faire pour l'exécution d'icelles tous actes requis & néceffaires, fans demander autre permiffion, & nonobftant clameur de Haro, Charte Normande & Lettres à ce contraire : Car tel eft notre plaifir. DONNE' à Marly, le vingt-neuvieme jour du mois de Mai, l'an de grace mil fept cent foixante-un, & de notre Regne le quarante-fixiéme.

Par le Roi en fon Confeil. *Signé*, LEBEGUE.

Régiftré fur le Régiftre XV. *de la Chambre Royale & Syndicale des Libraires & Imprimeurs de Paris, N°. 247. fol. 179. conformément au Reglement de 1723. A Paris, ce 5 Juin 1761.*

Signé, G. SAUGRAIN, *Syndic.*

www.ingramcontent.com/pod-product-compliance
Lightning Source LLC
Chambersburg PA
CBHW071635200326
41519CB00012BA/2307